国家林业和草原局普通高等教育"十三五"规划教材

食品贮藏保鲜与包装实验实习指导

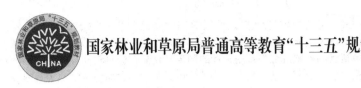

杨书珍　彭丽桃　主编

中国林业出版社

内 容 简 介

本书在调研了国内外食品类专业"食品贮藏保鲜学"和"食品包装学"实践课程的主要教学内容的基础上,将食品贮运保鲜学与食品包装学的基础实验、单元操作、设计实验和生产实习等内容有机融为一体;其主要内容包括食品贮藏过程中常用指标的测定、食品包装材料和容器的性能测定、单元操作实验、综合设计实验、生产实习,基本涵盖了食品贮运保鲜学和食品包装学的实践内容,突出了教学的科学性、系统性和实用性。本书可作为高等学校食品科学与工程类相关专业的教材,也可供食品贮藏保鲜与包装领域的技术人员学习参考。

图书在版编目(CIP)数据

食品贮藏保鲜与包装实验实习指导 / 杨书珍,彭丽桃主编.—北京:中国林业出版社,2020.11
国家林业和草原局普通高等教育"十三五"规划教材
ISBN 978-7-5219-0911-1

Ⅰ.①食… Ⅱ.①杨… ②彭… Ⅲ.①食品贮藏-实验-高等学校-教学参考资料②食品保鲜-实验-高等学校-教学参考资料③食品包装-实验-高等学校-教学参考资料 Ⅳ.①TS205-33②TS206-33

中国版本图书馆CIP数据核字(2020)第219389号

中国林业出版社教育分社

策划、责任编辑:高红岩　　　　　　　　责任校对:苏　梅
电　　话:(010)83143554　　　　　　　传　　真:(010)83143516

出版发行　中国林业出版社(100009　北京市西城区德内大街刘海胡同7号)
　　　　　E-mail:jiaocaipublic@163.com　电话:(010)83143500
　　　　　http://www.forestry.gov.cn/lycb.html
经　　销　新华书店
印　　刷　三河市祥达印刷包装有限公司
版　　次　2020年11月第1版
印　　次　2020年11月第1次印刷
开　　本　787mm×1092mm　1/16
印　　张　8
字　　数　190千字
定　　价　28.00元

《食品贮藏保鲜与包装实验实习指导》
编写人员

主　编　杨书珍　彭丽桃
副主编　董晓庆　高　慧
编　者　(按姓氏拼音排序)

程顺昌 (沈阳农业大学)

董晓庆 (贵州大学)

高　慧 (西北大学)

胡婉峰 (华中农业大学)

李　洁 (华中农业大学)

刘　莹 (华中农业大学)

鲁　群 (华中农业大学)

吕静祎 (渤海大学)

彭丽桃 (华中农业大学)

王　锋 (运城学院)

向延菊 (塔里木大学)

杨书珍 (华中农业大学)

张少颖 (山西师范大学)

张正科 (海南大学)

前　言

　　"食品贮藏保鲜学"和"食品包装学"是食品科学与工程专业的重要专业选修课程，课程间联系紧密，学科交叉性和实践性强。随着"新工科"建设的逐步推进，各高等院校食品科学与工程类相关专业的实践教学得以大力推进。国内很多高校的食品科学与工程类专业开设了食品贮运保鲜、食品包装相关的实践类课程。本书在调研了国内外相关专业"食品贮藏保鲜学"和"食品包装学"实践课程的主要教学内容的基础上，将食品贮运保鲜、食品包装相关的基础实验、单元操作、综合实验和实习等内容有机融为一体，力求详尽，突出教学的知识性、科学性、系统性和实用性。通过本课程的系统学习，使学生理解食品贮运保鲜与包装的基本原理；掌握食品品质的主要评定方法、食品贮藏保鲜与包装的基本处理技术以及研究方法；了解食品贮运保鲜与包装相关企业发展概况；培养学生深度理解食品贮运与包装的基本理论知识，运用所学理论知识和实践技能发现、分析和解决食品贮藏和销售过程中的实际问题的能力。

　　本书由华中农业大学、沈阳农业大学、西北大学、山西师范大学、海南大学、贵州大学、塔里木大学、渤海大学和运城学院9所大学的14位活跃在教学第一线的相关老师共同讨论、编写完成，是集体智慧的结晶。本书广泛借鉴了国内外食品和包装相关专业课程实践教学的优势、特色和最新成果，结合新工科人才培养的特点，对内容进行了精心组织和安排；内容的选择、组织和撰写，不拘泥于各学科之间的界限划分，主要突出有机融合。本书主要内容包括食品贮藏过程中常用指标的测定、食品包装材料和容器的性能测定、单元操作实验、综合设计实验、生产实习5章内容。本书编写分工如下：第一章由张少颖、高慧、王锋、吕静祎、杨书珍编写，第二章由向延菊、刘莹编写，第三章由程顺昌、张正科、高慧、董晓庆编写，第四章由彭丽桃、李洁、刘莹、胡婉峰、鲁群、杨书珍编写，第五章由董晓庆、彭丽桃、杨书珍编写。

　　本书内容丰富，深入浅出，通俗易懂，不仅可以作为食品科学与工程、食品质量与安全、园艺等本科专业的实践教学教材，也可为在食品贮藏保鲜与包装领域从事科研、管理、营销的工作者提供参考。

　　在本书的编写过程中，承蒙中国林业出版社和华中农业大学教务处的大力支持，全体参编人员的辛勤劳动，在此一并致谢！由于涉及内容广泛，作者的学识水平有限，错误和疏漏之处在所难免，承望读者批评指正。

编　者

2020 年 8 月

目　录

第一章　食品贮藏过程中常用指标的测定

食品在贮藏过程中常会受到各种不利条件的影响而发生不良变化，造成质量下降和数量损失。这些不良变化涉及食品的物理特性、化学特性、生理生化特性和卫生安全性等方面。测定食品在贮藏过程中相应理化指标、生理生化指标和微生物指标是分析食品在贮藏过程中品质变化规律的重要途径，也是食品贮藏保鲜的基础实验。本章选取了在食品贮藏过程中常用的理化指标、生理生化指标和微生物指标的测定方法，通过本章实验内容的学习，使学生在理解实验原理的基础上，掌握实验技术中的基本技能，培养学生实际应用和独立分析问题、解决问题的能力。

实验一　果蔬一般物理性状的测定

一、实验目的

了解果蔬物理性状的组成及其研究意义，掌握测定果蔬质量、大小、硬度、形状、可溶性固形物等一般物理性状的原理和方法。通过测定果蔬的一般物理性状，使学生掌握物理性状对果蔬成熟度和品质的影响。

二、实验原理

果蔬的物理性状包括果蔬的色泽、质量、大小、形状、硬度、相对密度、可溶性固形物等。在果蔬生长发育、成熟衰老的过程中，果蔬的物理性状会发生一系列变化，这些变化直接反映了果蔬的成熟程度和品质优劣程度。果蔬物理性状的测定是进行化学测定和品质分析的基础，是确定采收成熟度、识别品种特性、进行产品标准化的必要措施，也是确定果蔬贮藏条件、了解加工适应性与拟定加工技术条件的重要依据。

三、实验材料与器材

1. 实验材料
苹果、柑橘、梨、番茄等。

2. 实验器材
游标卡尺、托盘台秤、果实硬度计、榨汁器、色度计、排水筒、量筒、手持折光仪等。

四、实验步骤

1. 单果重(克/个)测定
取 5 个果实，分别放在托盘天平上称重，记载单果重(g)，并求其平均果重(g)。

2. 果形指数(纵径/横径)测定
取 5 个果实，用游标卡尺测量果实的纵径和横径(cm)，求出果形指数，以了解果实的形状和大小。

3. 果实可食率(%)测定

取 5 个果实，除去果皮、果心、果核和种子，分别称量各部分的质量，以求果肉(或可食部分)的百分率。汁液多的果实，可将果汁榨出，称量果汁质量，求果实的出汁率。

4. 果实相对密度测定

一般采用排水法测定果实相对密度。准确称取果实质量，同时将排水筒装满水，使多余水由溢水孔流出，至不再滴水为止。在溢水孔下面放置一个量筒，将已称重果实轻轻放入排水筒的水中，再用细铁丝将果实全部没入水中，待溢水孔水滴滴尽为止，测量记载果实的排水量(mL)，即果实体积 V(cm³)。果实的密度单位用 g/cm³ 表示，依据式(1-1)计算。

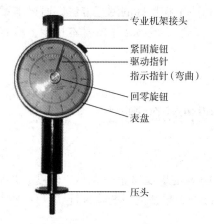

专业机架接头

紧固旋钮
驱动指针
指示指针(弯曲)
回零旋钮
表盘

压头

图 1-1   果实硬度计

$$果实相对密度 = \frac{果实质量(m)}{果实体积(V)} \quad (1-1)$$

5. 果实硬度测定

果实硬度一般采用硬度计进行测定。常见水果硬度的测定一般采用 GY-1 型果实硬度计进行测定，硬度计的结构如图 1-1 所示。

测定步骤如下：

(1)测量前将 GY-1 型果实硬度计调零，调零时，转动表盘，使指针与刻度线零位处重合。

(2)随机取 5 个果实，将果实清洗干净，用吸水纸擦干；然后用小刀将果实对应两面薄薄地削去直径为 10mm 的果皮，注意切面一定要平整。

(3)右手握住硬度计，使硬度计垂直于被测果实切面测试处，然后缓慢均匀地施加压力，指针开始旋转，使探头插入果实，深入至规定的刻度线(压入 10mm)为止，此时表盘指针所指的刻度值即为果实的硬度，果实硬度以每平方厘米面积上承受的压力数表示，单位是 kg/cm² 或×100 000Pa。

(4)测量完成后按复位按钮，使指针回到零位处，并将压头上的果实残渣清理干净。

6. 可溶性固形物(total soluble solid，TSS)测定

可溶性固形物是指所有溶解于水的化合物总称，包括糖、酸、维生素、矿物质等。果蔬中可溶性固形物与其含糖量成正比。光线从一种介质进入另一种介质时会产生折射现象，且入射角正弦之比恒为定值，此比值称为折光率。果蔬汁液中可溶性固形物含量与折光率在一定条件下(同一温度、压力)成正比，故测定果蔬汁液的折光率，可求出果蔬汁液中可溶性固形物的含量。常用于果蔬中可溶性固形物含量测定的折光仪主要有手持式折光仪、数显式折光仪和阿贝折光仪。用手持式折光仪(图 1-2)测定果蔬汁液中可溶性固形物的步骤如下：

(1)将果蔬样品洗净、擦干，取可食部分或果肉部

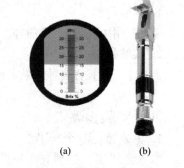

(a)   (b)

图 1-2   手持式折光仪

(a)折光仪的刻度盘   (b)手持式折光仪

分(含水量高的试样一般250g；含水量低的试样一般125g)切碎、混匀、捣碎、榨汁，经过离心(4 000r/min，10min)或用四层纱布过滤后取汁液测定。

(2)打开手持式折光仪的保护盖，用擦镜纸小心擦干棱镜玻璃面，待镜面干燥后，在玻璃面上滴2~3滴蒸馏水，用手轻轻按压盖板。将仪器处于水平状态，将折光棱镜对准光亮方向，调节目镜，使镜内的数字刻度清晰，检查视野中明暗分界线是否处在刻度的零线上。若与零线不重合，则旋转校准螺栓，使明暗分界线刚好落在零线上。然后打开盖板，擦干水分。

(3)测定：用滴管吸取待测样品液，在折光棱镜面上滴2~3滴被测液，盖上盖板轻轻按压，读取明暗分界线的相对刻度，即为待测样液的可溶性固形物含量(%)。读数完毕后，用蒸馏水或潮湿绒布将棱镜表面擦净，然后将硬度计放回盒内。

五、实验结果记录

样品测定后，按照表1-1对所测结果进行记录，并分析数据。

表1-1　果实一般物理性状实验结果记录表

测定项目		果实					平均值
		1	2	3	4	5	
单果重/g							
果形指数	横径/cm						
	纵径/cm						
	果形指数						
可食率(%)	果肉重/g						
	百分数/%						
果实相对密度/(g/cm³)							
果实硬度/(kg/cm²)							
可溶性固形物/%							

思考题
1. 简述果蔬一般物理性状在采后成熟衰老过程中的变化规律。
2. 简述果蔬硬度计在使用过程中需要注意的问题。
3. 简述手持式折光仪法测定果实可溶性固形物的原理及测定时需要注意的问题。

实验二　果蔬表面颜色的测定

一、实验目的

掌握L^*，a^*，b^*值的测定意义，熟悉色差计的使用方法。

二、实验原理

果蔬表面颜色特征是反映生鲜果蔬品质的重要指标之一，它不仅影响消费者的感官判断，还能直接反映果蔬成熟度、新鲜度及果蔬内部品质的变化。物质的颜色是物质对太阳可见光(白光)选择性反射或透过的物理现象，一般用色彩度、色调及明度来表示。目前，大多数测色仪采用的表色系统(使用规定的符号，按一系列规定和定义表示颜色的系统)是 1976 年国际照明委员会(International Commission on Illumination，CIE)推荐的 CIELAB(CIE $L^*a^*b^*$) 表色系统。CIELAB 表色系统是用假想的球形三维立体结构表示色彩(图 1-3)，可以测定连续的、精确的色度值。在 CIELAB 表色系统中，借助均匀色的立体表示方法将所有的颜色用 L^*，a^*，b^* 3 个轴的坐标来定义。L^* 为垂直轴，即中轴，代表明度，上白下黑，中间为亮度不同的灰色过渡，有 100 个等级，$L^* = 0$ 表示黑色，$L^* = 100$ 表示白色。a^*，b^* 坐标组成的色度平面是一个圆，其中 a^* 代表红绿轴上颜色的饱和度，a^* 为正值表示红色，a^* 为负值表示绿色；b^* 代表蓝黄轴上颜色的饱和度，b^* 为正值表示黄色，b^* 为负值表示蓝色。a^*，b^* 均为水平轴。

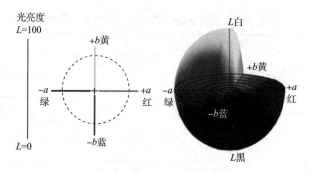

图 1-3　CIE $L^*a^*b^*$ 色空间

在 $L^*a^*b^*$ 表色系统中可以计算出两种色彩的色差 ΔE。通过综合测定 $L^*a^*b^*$ 值及总色差 ΔE 能全面反映果蔬表面色度或内部组织所存在的偏差。若两个样品按 L^*，a^*，b^* 值标定颜色，则两者之间的总色差 ΔE^* 以及各单项色差可用下列公式计算：

明度差　　　　　　　　　　$\Delta L^* = L_1^* - L_2^*$

色度差　　　　　　　　　　$\Delta a^* = a_1^* - a_2^*$

　　　　　　　　　　　　　$\Delta b^* = b_1^* - b_2^*$

总色差　　　　　　$\Delta E = \left[(\Delta L^*)^2 + (\Delta a^*)^2 + (\Delta b^*)^2 \right]^{1/2}$

($\Delta L +$ 表示偏白，$\Delta L -$ 表示偏黑；$\Delta a +$ 表示偏红，$\Delta a -$ 表示偏绿。$\Delta b +$ 表示偏黄，$\Delta b -$ 表示偏蓝；ΔE 不能表示出样品的色差的偏移方向，其数值越大则色差越大。)

三、实验材料与器材

1. 实验材料

苹果、梨、桃、番茄、香蕉、辣椒等。

2. 实验器材

YS3060 3nh 光栅测色仪(图 1-4)。

四、实验步骤

1. 通电

将色差计安装好电池或连接专用适配电源，启动后出现测量屏。

2. 调零与调白

测定前先使用白色校正板调零，将探头垂直放在白色校正板上。确定就绪灯亮后，按测量键，出现白色校正屏幕。在测量屏幕上按校正键，灯闪 3 次后校正完成。返回记录下 L^*，a^*，b^* 值，即为 L^0，a^0，b^0。

图 1-4 YS3060 3nh 光栅测色仪

3. 样品测定与数据读取

在测量时将探头垂直放在样本上，确定就绪灯亮后，按测量回车键，完成一次测量。测量时不要移动探头，读取并记录 L^*，a^*，b^* 值。单个样品重复测定 3 次，求平均值。注意测量应在与校正相同的温度条件下进行。

4. 关机

样品测定结束后，切断电源或取出电池，收好标准白板、适配线等，用一块柔软干净布擦拭探头。

五、实验结果记录

样品测定后，按照表 1-2 对所测定结果进行记录，并分析数据。

表 1-2 果蔬表面色泽实验结果记录表

测定编号	L^*	a^*	b^*	ΔE
1				
2				
3				

思考题

1. 简述果蔬表面颜色测定原理及意义。
2. 简述果蔬表面颜色测定时应注意的问题。

实验三 果蔬冰点的测定

一、实验目的

了解测定果蔬冰点的意义，掌握测定果蔬冰点的原理和方法。

二、实验原理

冰点是果蔬重要的物理性状之一，测定冰点有助于确定果蔬适宜的贮藏及冻结温度。果蔬冰点测定的原理：将溶液置于低温下，温度随时间不断下降，降至冰点以下时，由于待测样品结冰发生相变释放潜热的物理效应，汁液仍不结冰，出现过冷现象。随后温度突然上升至某一点，并出现相对稳定，持续时间几分钟，此时的温度为待测样品的冰点。此后，汁液温度再次缓慢下降，直到汁液大部分结冰。由于测定冰点时有过冷现象，即溶液温度降至冰点时仍不结冰，可用搅拌待测样品的方法防止过冷妨碍冰点的测定。

三、实验材料与器材

1. 实验材料

梨、黄瓜、冰盐水（-6℃以下，适量）。

2. 实验器材

标准温度计（测定范围-10~10℃，精确度±0.01℃）、手持榨汁器、烧杯、玻璃棒、过滤设备、计时器。

四、实验步骤

1. 测定

取适量待测果蔬样品在捣碎器中捣碎，榨取汁液，过滤，滤液盛于小烧杯中，滤液要足够浸没温度计的水银球部，将烧杯置于冰盐水中，插入温度计，温度计的水银球必须浸入汁液中。不断搅拌汁液，当汁液温度降至2℃时，开始记录温度随时间变化的数值，每20秒记1次，直到果蔬出现完全结冰为止。

2. 数据记录和绘制降温曲线

分别记录果蔬汁液温度读数和降温时间，以温度（℃）为纵坐标，时间（s）为横坐标，绘制果蔬汁液的降温曲线。曲线平缓处相对应的温度即为汁液的冰点温度，冰点之前曲线的最低点为过冷点。

思考题

1. 简述果蔬冰点测定的原理。
2. 简述果蔬冰点测定的具体方法步骤。

实验四　果蔬中维生素 C 含量的测定

维生素 C，学名抗坏血酸，是人类营养中最重要的维生素之一，对人类健康具有重要意义。维生素 C 参与机体的代谢过程，增强机体对肿瘤的抵抗力，并对化学致癌物具有阻断作用。人体缺乏维生素 C 的典型症状是牙龈出血，边缘溃疡，牙齿松动等。从化学结构看，维生素 C 是一种不饱和的 L-糖酸内酯，极易被氧化成为脱氢抗坏血酸。脱氢抗坏血酸不稳定，易发生不可逆反应，生成无生理活性的二酮基古洛糖酸。在维生素 C 的测定中，还原型抗坏血酸、氧化型抗坏血酸和二酮基古洛糖酸合计称为总维生素 C，还原型抗坏血酸和脱氢抗坏血酸合计称为有效维生素 C。维生素 C 广泛存在于果蔬组织中，也是反映果蔬营养品质和贮藏效果的常见评价指标之一。果蔬中的维生素 C 含量受种类、品种、栽培条件、成熟度和贮藏条件等多因素影响，目前，测定果蔬中维生素 C 含量的方法主要有 2,6-二氯酚靛酚滴定法、分光光度计法、荧光法及高效液相色谱法。

I　2,6-二氯酚靛酚滴定法

一、实验目的
学习并掌握 2,6-二氯酚靛酚滴定法测定维生素 C 含量的原理和方法。

二、实验原理
维生素 C 可以还原染料 2,6-二氯酚靛酚(2,6-diehlorophenol indophnol)。该染料具有较强的氧化性，在酸性溶液中呈红色，在中性或碱性溶液中呈蓝色，被还原后为无色。维生素 C 还原 2,6-二氯酚靛酚后，自身则被氧化为脱氢维生素 C。用 2,6-二氯酚靛酚滴定含有维生素 C 的酸性溶液，当维生素 C 过量时，2,6-二氯酚靛酚立即被还原成无色；当维生素 C 全部被氧化时，则溶液呈红色。所以，滴定过程中当溶液由无色变为微红色时，表示溶液中的维生素 C 全部被氧化，此时即为滴定终点。在没有杂质干扰的情况下，根据滴定所消耗的 2,6-二氯酚靛酚溶液的体积，可以计算出被测定样品中维生素 C 的含量。

三、实验材料、器材与试剂
1. 实验材料
柑橘、猕猴桃、枣、小白菜、青椒等。
2. 实验器材
天平、研钵、移液管、容量瓶、漏斗、滤纸、铁架台、漏斗架、锥形瓶、微量滴定管等。
3. 试剂
(1) 2% 草酸溶液：称取 20.0g 草酸，用适量蒸馏水溶解，并用蒸馏水定容至 1 000mL。

(2) 2,6-二氯酚靛酚溶液：准确称取 2,6-二氯靛酚钠盐 100mg，溶解于含有 52mg 碳酸氢钠的 200mL 沸水中，冷却后在冰箱中放置过夜，次日过滤，蒸馏水定容至 1 000mL。装入棕色瓶中，于 4℃冰箱中保存。使用前用标准维生素 C 溶液对其进行标定。

(3) 标准维生素 C 溶液：精确称取 100mg 维生素 C，用适量 2% 草酸溶液溶解后移入 500mL 容量瓶中，并以 2% 草酸定容至刻度，混匀，1mL 溶液含 0.2mg 维生素 C。

四、实验步骤
1. 2,6-二氯酚靛酚溶液标定
取 5mL 已知浓度的维生素 C 标准溶液于锥形瓶中，加入 2% 草酸溶液 5mL，用 2,6-二氯酚靛酚溶液滴定至微红色，15s 不褪色为止。每毫升 2,6-二氯酚靛酚溶液相当于维生素 C 的量计算如下：

$$T = c \times \frac{V_1}{V_2} \tag{1-2}$$

式中　T——每毫升 2,6-二氯酚靛酚溶液相当于维生素 C 的量，mg；

　　　c——维生素 C 的浓度，mg/mL；

　　　V_1——维生素 C 标准溶液的体积，mL；

　　　V_2——消耗 2,6-二氯酚靛酚溶液的体积，mL。

2. 样品维生素 C 含量的测定

称取新鲜果蔬约 10g 于研钵中，加入等体积的 2% 草酸溶液混合并研磨成匀浆。将匀浆移入 100mL 容量瓶中，以 2% 草酸溶液分两次冲洗研钵，洗液一并转入容量瓶中并定容，过滤备用。移取滤液 10mL 于锥形瓶中，用已标定的 2,6-二氯酚靛酚滴定至出现微红色，且15s 不褪色为止，记录所用 2,6-二氯酚靛酚溶液的消耗量。取 2% 草酸溶液 10mL 作为空白，用 2,6-二氯酚靛酚溶液滴定至终点，并记录用量。以上步骤均重复 3 次，取平均值。

五、实验结果计算

样品中维生素 C 含量计算如下：

$$维生素 C 含量(\text{mg/g}) = \frac{(V_1 - V_2) \times T \times V}{m \times V_3} \tag{1-3}$$

式中　V_1——滴定样品消耗的 2,6-二氯酚靛酚溶液的体积，mL；

　　　V_2——滴定空白消耗的 2,6-二氯酚靛酚溶液的体积，mL；

　　　T——每毫升 2,6-二氯酚靛酚相当于维生素 C 的量，mg；

　　　V——样品溶液的总体积，mL；

　　　m——样品质量，g；

　　　V_3——用于滴定的样品体积，mL。

思考题

1. 简述 2,6-二氯酚靛酚滴定法测定果蔬中维生素 C 含量的原理。

2. 2,6-二氯酚靛酚滴定法测定果蔬中维生素 C 含量过程中应注意的问题有哪些？

Ⅱ　分 光 光 度 计 法

一、实验目的

掌握分光光度计法测定维生素 C 含量的原理和方法。

二、实验原理

维生素 C 具有较强的还原能力，可以把铁离子（Fe^{3+}）还原成亚铁离子（Fe^{2+}），亚铁离子与红菲咯啉（4,7-二苯基-1,10-菲咯啉，BP）反应形成红色螯合物。该化合物在波长 534nm 处有最大光吸收，且吸光值与反应液中维生素 C 含量呈正相关。因此，可用比色法测定。

三、实验材料、器材与试剂

1. 实验材料

柑橘、猕猴桃、枣、小白菜、青椒等。

2. 实验器材

天平、研钵、移液管、容量瓶、离心管、离心机、试管、试管架、分光光度计等。

3. 试剂

(1)三氯乙酸(TCA)溶液：称取50.0g三氯乙酸，用适量蒸馏水溶解，并以蒸馏水定容至1 000mL。

(2)0.4%磷酸-乙醇溶液：量取4.7mL 85%磷酸溶液，溶于适量无水乙醇，并以无水乙醇定容至1 000mL。

(3)BP-乙醇溶液：称取0.5g BP(纯度>97%)，用适量无水乙醇溶解，并以无水乙醇定容至100mL。

(4)$FeCl_3$-乙醇溶液：称取0.03g $FeCl_3$溶于100mL无水乙醇中，摇匀。

(5)标准维生素C溶液：精确称取100mg维生素C，用适量TCA溶液溶解后移入1 000mL容量瓶中，并以TCA溶液定容至刻度，即1mL含100μg维生素C。

四、实验步骤

1. 标准曲线制作

取7支具塞刻度试管，按表1-3加入各溶液，将混合溶液置于30°C反应60min，以0号试管混合溶液为参比，于波长620nm下测定吸光值。以维生素C含量为横坐标，吸光值为纵坐标绘制标准曲线，求线性回归方程。

表1-3　绘制维生素C标准曲线试剂用量

试　剂	管　号						
	0	1	2	3	4	5	6
标准维生素C溶液/mL	0	0.1	0.2	0.3	0.4	0.5	0.6
TCA/mL	2.0	1.9	1.8	1.7	1.6	1.5	1.4
无水乙醇/mL	1.0	1.0	1.0	1.0	1.0	1.0	1.0
				混　匀			
磷酸-乙醇溶液/mL	0.5	0.5	0.5	0.5	0.5	0.5	0.5
BP-乙醇溶液/mL	1.0	1.0	1.0	1.0	1.0	1.0	1.0
$FeCl_3$-乙醇溶液/mL	0.5	0.5	0.5	0.5	0.5	0.5	0.5
相当于维生素C量/μg	0	10	20	30	40	50	60

2. 样品维生素C含量的测定

称取新鲜果蔬约10g于研钵中，加入20mL 50g/L TCA溶液研磨成匀浆。将匀浆移入100mL容量瓶中，以50g/L TCA溶液分两次冲洗研钵，洗液一并转入容量瓶中并定容至刻度，过滤备用。移取滤液1.0mL于刻度试管中，加入1.0mL 50g/L TCA溶液，再按制作标准曲线相同的方法加入其他溶液，进行反应、测定。以上步骤均重复3次，取平均值。

五、实验结果计算

样品中维生素 C 含量计算如下：

$$维生素 C 含量(mg/g) = \frac{V \times m'}{V_s \times m \times 1\,000}$$

$$(1-4)$$

式中 m'——由标准曲线求得的维生素 C 的质量，μg；

        V_s——测定时所用样品提取液体积，mL；

        V——样品提取液总体积，mL；

        m——样品质量，g。

思考题

简述分光光度法测定果蔬中维生素 C 含量的原理。

实验五　果蔬中可溶性蛋白质含量的测定

一、实验目的

大多数的可溶性蛋白质是构成果蔬中酶的重要组成部分，参与果蔬多种生理生化代谢过程的调控，与果蔬的生长发育、成熟衰老、抗逆性等密切相关。此外，测定酶的比活力(酶活力单位/毫克蛋白质)时也需要测定样品中蛋白质的含量。因此，可溶性蛋白质含量是果蔬采后常见的生理生化指标之一，常用的测定方法有劳里法(Lowry 法)和考马斯亮蓝 G-250 法。通过本实验的学习，使学生掌握考马斯亮蓝 G-250 法测定可溶性蛋白质的原理和方法。

二、实验原理

考马斯亮蓝 G-250 染色法测定蛋白质含量属于染料结合法的一种。考马斯亮蓝 G-250 在游离状态下呈红色，在酸性溶液中，当其与蛋白质通过范德华力结合后呈蓝色，前者最大光吸收在 465nm，后者在 595nm。在一定的蛋白质浓度范围内 (1 ~ 1 000μg/mL)，蛋白质与该染料结合物在 595nm 波长下的吸光值与可溶性蛋白质含量成正比，符合比尔定律，因此，可用于蛋白质的定量测定。考马斯亮蓝 G-250 与蛋白质结合后 2min 左右即达到平衡，完成反应十分迅速，生成的结合物在室温下 1h 内保持稳定。该反应非常灵敏，易于操作，干扰物少，可测定微克级蛋白质含量，是一种比较好的蛋白质定量方法。但此方法也存在缺点，考马斯亮蓝在蛋白质含量很高时线性关系偏低，且不同来源蛋白质与色素结合情况也有差异。

三、实验材料、器材与试剂

1. 实验材料

柑橘、猕猴桃、枣、小白菜、青椒等。

2. 实验器材

天平、研钵、移液管、容量瓶、离心机、离心管、具塞刻度试管、可见分光光度计等。

3. 试剂

（1）考马斯亮蓝 G-250 溶液：准确称取 100mg 考马斯亮蓝 G-250，溶于 50mL 90% 乙醇，再加入 85% 正磷酸 100mL，混匀，用蒸馏水定容至 1 000mL，贮存在棕色瓶中，室温下可放置 1 个月。

（2）标准蛋白溶液：准确称取 100mg 小牛血清蛋白，溶于 100mL 蒸馏水中，制成 1 000μg/mL 标准液。

四、实验步骤

1. 标准曲线的制作

取 6 支具塞刻度试管，按表 1-4 分别加入 0.0、0.1、0.2、0.3、0.4、0.5mL 标准蛋白溶液，用蒸馏水补足到 1.0mL，再加入 5mL 考马斯亮蓝 G-250 溶液，立即摇匀，室温下放置 2min，于 595nm 波长下测定吸光值，以小牛血清蛋白含量为横坐标，吸光值为纵坐标绘制标准曲线，求线性回归方程。

表 1-4　绘制可溶性蛋白标准曲线试剂用量

试　剂	管　号					
	0	1	2	3	4	5
标准蛋白溶液/mL	0	0.1	0.2	0.3	0.4	0.5
蒸馏水/mL	1.0	0.9	0.8	0.7	0.6	0.5
考马斯亮蓝 G-250 溶液/mL	5.0	5.0	5.0	5.0	5.0	5.0

2. 样品中可溶性蛋白质含量的测定

称取新鲜果蔬约 10g，加水研磨成匀浆。将匀浆移入 100mL 容量瓶中，用水分两次冲洗研钵，洗液一并转入容量瓶中定容至刻度，过滤备用。取滤液 0.5mL 于具塞刻度试管中，用蒸馏水补足到 1.0mL，之后加入考马斯亮蓝 G-250 溶液 5mL，充分混匀，常温放置 2min，595nm 下测定并记录吸光度。以上步骤均重复 3 次，取平均值。

五、实验结果计算

可溶性蛋白质含量计算如下：

$$可溶性蛋白质含量（μg/g）= \frac{c \times V}{m} \tag{1-5}$$

式中　c——每毫升样品溶液中可溶性蛋白质量的含量，μg/mL；

　　　V——样品溶液总体积，mL；

　　　m——样品质量，g。

思考题

简述考马斯亮蓝 G-250 染色法测定果蔬中可溶性蛋白质含量的原理及特点。

实验六　果蔬中可溶性糖含量的测定

一、实验目的

糖是生物界分布最广、含量最多的有机化合物，它不仅是果蔬组织中重要的能量贮藏物质，也是果蔬甜味的主要来源。可溶性糖主要是指能溶于水及乙醇的单糖和寡聚糖。果蔬中可溶性糖与其品质、成熟度和贮藏性密切相关，是评价果蔬采后品质和贮藏性的重要指标。通过本实验的学习，使学生掌握蒽酮比色法测定可溶性糖含量的原理和方法。

二、实验原理

糖在浓硫酸作用下，可经脱水反应生成糠醛或羟甲基糠醛。糠醛或羟甲基糠醛可与蒽酮脱水缩合形成蓝绿色糠醛衍生物，该衍生物在 630nm 波长处有最大光吸收，且在一定范围内，其呈色强度与溶液中糖含量成正比，故可通过比色法进行果蔬中可溶性糖含量的测定。该方法可以测定样品中包括单糖、双糖、寡糖和多糖在内的所有的可溶性糖类的总量。

三、实验材料、器材与试剂

1. 实验材料

柑橘、猕猴桃、枣、小白菜、青椒等新鲜果蔬原料。

2. 实验器材

天平、研钵、移液管、容量瓶、漏斗、滤纸、具塞刻度试管、锥形瓶、电热恒温水浴锅、分光光度计等。

3. 试剂

(1) 葡萄糖标准溶液：准确称取分析纯葡萄糖 (预先于 80℃烘干至恒重) 100.0mg，蒸馏水溶解后转入 1 000mL 容量瓶，并用蒸馏水定容至刻度，制成 100μg/mL 标准液。

(2) 蒽酮溶液：准确称取 0.2g 蒽酮，缓慢加入 100mL 浓硫酸中，混匀溶解。随配随用。

四、实验步骤

1. 标准曲线制作

取 6 支具塞刻度试管，按表 1-5 分别加入 0.0、0.2、0.4、0.6、0.8、1.0mL 标准葡萄糖溶液，用蒸馏水补足到 1.0mL，再加入 5.0mL 蒽酮溶液，混匀后沸水浴加热 10min，冰浴冷却至室温，于 620nm 下测定吸光值。以葡萄糖含量为横坐标，吸光值为纵坐标绘制标准曲线，求线性回归方程。

表 1-5　绘制葡萄糖标准曲线试剂用量

试　剂	管　号					
	0	1	2	3	4	5
标准葡萄糖溶液/mL	0	0.2	0.4	0.6	0.8	1.0
蒸馏水/mL	1.0	0.8	0.6	0.4	0.2	0.0
蒽酮溶液/mL	5.0	5.0	5.0	5.0	5.0	5.0

2. 可溶性糖的提取及含量测定

称取新鲜果蔬约 5g，加水研磨成匀浆。将匀浆移入 250mL 锥形瓶中，用水分两次润洗研钵，洗液一并转入锥形瓶，于沸水浴中加盖煮沸 30min，冷却后过滤，滤液于 250mL 容量瓶中定容至与刻度。取滤液 0.5mL，经适当稀释（10～50 倍）后取 2mL 于具塞刻度试管中，再加入 5.0mL 蒽酮溶液，混匀后沸水浴加热 10min，冰浴冷却至室温，于 620nm 下测定吸光值。以上步骤均重复 3 次，取平均值。

五、实验结果计算

可溶性糖含量计算如下：

$$可溶性糖含量 = \frac{m' \times V_t \times N}{V_s \times m \times 10^6} \times 100\% \tag{1-6}$$

式中　m'——从标准曲线上查得的葡萄糖的量，μg；

　　　V_t——样品溶液总体积，mL；

　　　V_s——测定所用样品溶液的体积，mL；

　　　N——稀释倍数；

　　　m——样品质量，g；

　　　10^6——样品质量单位由 g 换算成 μg 的倍数。

思考题

简述蒽酮比色法测定果蔬中可溶性糖含量的原理及其特点。

实验七　果蔬中果胶物质的测定

一、实验目的

果胶物质是一种亲水性植物胶，由半乳糖醛酸、乳糖、阿拉伯糖、葡萄糖醛酸等组成的高分子聚合物。存在于果蔬类植物组织中，是构成植物细胞壁的主要成分之一。果实细胞初生壁和中胶层中沉积着大量的果胶物质，起着黏结细胞个体的作用，与果蔬的硬度关系密切。通过本实验，使学生了解果胶的作用，学习果胶提取的原理，掌握果蔬组织中提取果胶的方法。

二、实验原理

果胶物质一般以原果胶、果胶和果胶酸 3 种形式存在于果蔬等植物组织中。在未成熟果实中，果胶物质与纤维素结合以原果胶的形式存在，原果胶是一种非水溶性的物质，它的存在使果实显得坚实、脆硬。随着果实的成熟，果胶物质逐渐与纤维素分离形成易溶于水的果胶，果实组织也变得松弛、软化，硬度下降。果胶物质水解生成半乳糖醛酸，半乳糖醛酸与咔唑在硫酸溶液中进行缩合反应，生成紫红色的化合物，该化合物呈色强度与半乳糖醛酸溶液浓度呈正比，并在波长 530nm 有最大吸收峰，因此，可根据化合物呈色深浅,用分光光度计测定吸光度值,对照标准曲线计算样品中果胶物质的含量。

三、实验材料、器材与试剂

1. 实验材料

柑橘、苹果、山楂等新鲜果蔬。

2. 实验器材

天平、研钵、水浴锅、计时器、离心机,分光光度计、移液器、50mL 刻度离心管、100mL 容量瓶、25mL 具塞刻度试管等。

3. 试剂

咔唑、无水乙醇、半乳糖醛酸、浓硫酸(分析纯)、95%乙醇。

四、实验步骤

1. 试剂配制

(1)咔唑-乙醇溶液配制(100mL):准确称取 0.15g 咔唑,溶解于 100mL 无水乙醇,制得 1.5g/L 的咔唑-乙醇溶液。

(2)半乳糖醛酸标准溶液配制(100mL):准确称取 10mg 半乳糖醛酸(相对分子质量为194),溶解于 100mL 蒸馏水,制得 100μg/mL 半乳糖醛酸标准溶液。

2. 半乳糖醛酸标准曲线的制作

取 6 支具塞刻度试管,按表 1-6 加入半乳糖醛酸标准液,缓缓地沿试管内壁加6.0mL 浓硫酸,沸水浴中加热 20min,取出冷却到室温,分别加 0.2mL 1.5g/L 咔唑-乙醇溶液,混合摇匀,在暗处放置 0.5h 后,于波长 530nm 处测定吸光度值。以半乳糖醛酸质量(μg)作为横坐标,吸光度值纵坐标,制作标准曲线,求线性回归方程。

表1-6　绘制半乳糖醛酸标准曲线的不同试剂添加量

试　剂	管　号					
	0	1	2	3	4	5
100μg/mL 半乳糖醛酸标准液/L	0	0.2	0.4	0.6	0.8	1.0
蒸馏水/mL	1.0	0.8	0.6	0.4	0.2	0
浓硫酸/mL	6.0	6.0	6.0	6.0	6.0	6.0
1.5g/L 咔唑-乙醇/mL	0.2	0.2	0.2	0.2	0.2	0.2
相当于半乳糖醛酸质量/μg	0	20	40	60	80	100

3. 可溶性果胶和原果胶的提取

(1)可溶性果胶的提取:称取 1.0g 果实,置于研钵内,研磨成匀浆。将匀浆移入50mL 刻度试管中,加入 25mL 95%乙醇,沸水浴上加热 30min,取出冷却到室温,于8 000×g 离心机中离心 15min,弃去上清液。再加入 95%乙醇,沸水浴上加热,重复 3~5 次。将沉淀放入原试管中加 20mL 蒸馏水,50℃水浴锅中保温 30min。取出冷却到室温,于 8 000×g 离心机中离心 15min,将上清液转入 100mL 容量瓶中,用少量水洗涤沉淀，离心后一起将上清液转入容量瓶中，加蒸馏水到刻度，此溶液则为可溶性果胶。

（2）原果胶的提取：用蒸馏水洗涤后的沉淀仍保存在原刻度试管中，向试管中加入 25mL 0.5moL/L 硫酸溶液，沸水浴上加热 1h，取出冷却到室温，于 8 000×g 离心机中离心 15min，将上清液转入 100mL 容量瓶中，加蒸馏水至刻度，则为原果胶测定液。

4. 可溶性果胶和原果胶含量测定

取 1.0mL 可溶性果胶或原果胶测定液于 25mL 具塞刻度试管，按制作标准曲线的方法测定生成的可溶性果胶或原果胶的量。

五、实验结果计算

可溶性果胶和原果胶含量计算如下：

$$A = \frac{c \times V}{V_s \times m \times 10^6} \times 100\% \qquad (1\text{-}7)$$

$$B = D + E \qquad (1\text{-}8)$$

式中　A——半乳糖醛酸含量，%；

　　　c——从标准曲线查得的半乳糖醛酸含量，μg；

　　　V——样品提取液总体积，mL；

　　　V_s——测定时所取样品提取液体积，mL；

　　　m——样品质量，g；

　　　B——果胶含量，%；

　　　D——原果胶含量，%；

　　　E——可溶性果胶含量，%。

思考题

1. 样品提取液中糖分去除不彻底，残留的糖分对果胶含量测定将产生什么影响？
2. 硫酸的纯度对咔唑的呈色反应有什么影响？

实验八　食品中纤维素含量的测定

一、实验目的

纤维素是植物细胞壁的主要组成部分，对细胞起着骨架支持和保护作用，对果蔬口感、硬度、嫩度等品质和贮藏性有重要影响，是评价果蔬采后品质的常见指标之一。通过本实验的学习，使学生学习并掌握果蔬组织中纤维素含量测定的原理和方法。

二、实验原理

纤维素是 β-葡萄糖残基组成的多糖，在酸性条件下加热分解成 β-葡萄糖，β-葡萄糖在强酸作用下脱水生成 β-糠醛类化合物，β-糠醛类化合物与蒽酮脱水缩合生成黄色衍生物，一定范围内 β-糠醛类化合物含量与反应颜色成正比。黄色衍生物在波长

620nm 有最大吸收峰，可根据反应衍生物呈色强度，用分光光度计测定吸光度值，对照标准曲线计算样品纤维素含量。

三、实验材料、器材与试剂

1. 实验材料

韭菜、芹菜、苹果、桃等。

2. 实验器材

量筒、烧杯、移液管、布氏漏斗、电炉、天平、水浴锅、分光光度计。

3. 试剂

蒽酮、乙酸乙酯、纤维素、浓硫酸。

四、实验步骤

1. 试剂配置

（1）蒽酮-乙酸乙酯试剂配置（50mL）：称取 1.0g 分析纯蒽酮，溶于 50mL 乙酸乙酯中，贮于棕色瓶中，在黑暗中可保存数周，如有结晶析出，可微热溶解。

（2）100μg/mL 纤维素标准液（1 000mL）：准确称取 100mg 纤维素，在冰浴下加入 60~70mL 60%浓硫酸，0~2℃下水解 12h，然后 60%浓硫酸定容到 100mL，在冰浴下稀释 10 倍，即为 100μg/mL 纤维素标准液。

2. 纤维素标准曲线的制作

取 6 支试管按照表 1-7 加入溶液，沿管壁缓慢加入浓硫酸，塞上塞子、轻轻晃动，摇匀，静置 1min。在分光光度计上测定 620nm 下的吸光值。纤维素含量为横坐标，吸光值为纵坐标，绘制标准曲线，求得回归方程。

表 1-7　绘制纤维素标准曲线的试剂量

试　剂	管　号					
	0	1	2	3	4	5
100μg/mL 纤维素标准液/mL	0	0.4	0.8	1.2	1.6	2.0
蒸馏水/mL	2.0	1.6	1.2	0.8	0.4	0
2%蒽酮/mL	0.5	0.5	0.5	0.5	0.5	0.5
浓硫酸/mL	5.0	5.0	5.0	5.0	5.0	5.0
相当于纤维素质量/μg	0	40	80	120	160	200

3. 纤维素的提取

精确称取烘干的 0.2g 果蔬材料，置于研钵中研磨成粉，放入 5 个烧杯中，加入冷的 60mL 60%硫酸，消化处理 1h，将消化好的纤维素转入 100mL 容量瓶，并 60%硫酸定容至刻度，摇匀后，用布氏漏斗过滤到另一烧杯。

4. 纤维素的测定

精确量取上述滤液 2.0mL，加 0.5mL 2%蒽酮试剂，再沿管壁加 5.0mL 浓硫酸，摇匀。测定反应液在 620nm 波长下的吸光值。

五、实验结果计算

样品中纤维素含量计算如下：

$$A = \frac{c \times 10^{-6} \times 100}{m} \tag{1-9}$$

式中　A——纤维素含量，%；

　　　c——回归方程中计算的纤维素含量值，μg；

　　　10^{-6}——μg 换算成 g；

　　　m——样品质量，g。

思考题

简述果蔬中纤维素的测定原理。

实验九　食品中酚类和黄酮类物质含量的测定

酚类物质和黄酮类化合物是存在于植物性食物中的重要次生代谢物质和生物活性成分，与果蔬的色泽发育、风味形成、组织褐变、成熟衰老、抗逆性等生理过程密切相关，对果蔬的贮藏、加工性能和营养价值有重要影响。

I　酚类物质含量的测定

一、实验目的

通过本实验的学习，理解并掌握果蔬组织中酚类物质含量测定的原理和方法。

二、实验原理

在碱性条件下福林-酚试剂可氧化酚类化合物而自身被还原生成蓝色化合物，该蓝色化合物在波长 760nm 有最大吸收峰，而且化合物蓝色的深浅与含酚基团的物质浓度呈正相关。因此，可用比色法测定果蔬中酚类物质的含量。

三、实验材料、器材与试剂

1. 实验材料

梨、冬枣、葡萄等。

2. 实验器材

天平、研钵、超声波清洗器、高速冷冻离心机、移液器、离心管、分光光度计、100mL 和 1000mL 容量瓶、具塞试管等。

3. 试剂

没食子酸、福林-酚、Na_2CO_3。

四、实验步骤

1. 没食子酸标准曲线制作

取 7 个 10mL 具塞试管，按表 1-8 加入各试剂，振荡摇匀后，避光显色 1h，然后以 0 号溶液为对照在波长 760nm 处测定吸光度值；横纵坐标分别为没食子酸标准液浓度和吸光度，绘制标准曲线，得回归方程。

表 1-8　绘制标准曲线需加入的试剂顺序及剂量

试　剂	0	1	2	3	4	5	6
0.1mg/mL 没食子酸标准溶液/mL	0	0.2	0.4	0.6	0.8	1.0	1.2
福林-酚溶液/mL	0.5	0.5	0.5	0.5	0.5	0.5	0.5
75g/L Na_2CO_3 溶液/mL	2.0	2.0	2.0	2.0	2.0	2.0	2.0
去离子水/mL	7.5	7.3	7.1	6.9	6.7	6.5	6.3
相当于没食子酸量/mg	0.02	0.02	0.04	0.06	0.08	0.1	0.12

2. 酚类物质的提取

精确称取 2.0g 样品，加入 5mL 60%的乙醇，研磨成匀浆，45℃ 450W 超声 40min，于 8 000×g 离心 20min，收集上清液，低温保存备用。

3. 多酚含量的测定

取 1mL 酚类物质提取液，按照制作标准曲线的方法步骤，以 0 号溶液为对照，在波长 760nm 下测定样品吸光度值。

五、实验结果计算

样品中酚类物质含量计算如下：

$$A = \frac{c \times V}{V_s \times m} \tag{1-10}$$

式中　A——酚类物质含量，mg/g；

　　　c——从标准曲线查得酚类物质浓度，mg/mL；

　　　V——样品的总提取液体积，mL；

　　　V_s——测定时所取样品提取液体积，mL；

　　　m——样品质量，g。

思考题

1. 酚类物质生理作用有哪些？
2. 简述酚类物质测定的原理。

II　黄酮类物质含量测定

一、实验目的

学习并掌握果蔬组织中黄酮类物质含量测定的原理和方法。

二、实验原理

黄酮化合物的母核由 C_6-C_3-C_6 即 A-C-B 3 个环组成，A 环和 B 环具有芳香化合物的性质，C 环具有黄酮化合物的独特性质。母核中某些位置如 C_3 和 C_5 上含有羟基时能与铝、铅等金属离子形成稳定的黄色络合物。该络合物在 510nm 有最大吸收峰。

三、实验材料、器材与试剂

1. 实验材料

蘑菇、山楂、樱桃等。

2. 实验器材

天平、研钵、超声波清洗器、高速离心机、移液器、离心管、分光光度计、100mL和 1 000mL 容量瓶、具塞试管等。

3. 试剂

乙醇、芦丁、硝酸钠、硝酸铝、氢氧化钠。

四、实验步骤

1. 芦丁标准曲线制作

取 6 个 10mL 具塞试管，按表 1-9 加入各试剂，滴加 5% 的硝酸钠，摇匀，静置6min，加入 4% 的硝酸铝，混匀后静置 6min，最后加入 60% 乙醇溶液，混匀后静置15min 后，510nm 下测定其吸光度，以芦丁浓度为横坐标，吸光度为纵坐标绘制标准曲线，得回归方程。

表 1-9 芦丁标准曲线的试剂量

试 剂	管 号					
	0	1	2	3	4	5
0.2mg/mL 芦丁标准液/mL	0	0.04	0.08	0.12	0.16	0.2
5%硝酸钠/mL	0.05	0.05	0.05	0.05	0.05	0.05
4%硝酸铝/mL	0.05	0.05	0.05	0.05	0.05	0.05
4%氢氧化钠/mL	0.4	0.4	0.4	0.4	0.4	0.4
60%乙醇/mL	0.5	0.46	0.42	0.38	0.34	0.3
相当于芦丁量/μg	0	8	16	24	32	40

2. 黄酮的提取

精确称取 105℃ 干燥 2h 的 5g 杏鲍菇干粉，溶于 165mL 的 70% 的乙醇中，45℃200W 超声 30min。8 000×g 离心 20min，收集上清液为待测样品。

3. 黄酮含量的测定

取 1mL 黄酮的提取液，按照标准曲线步骤，于 510nm 下测定其吸光度。

五、实验结果计算

样品中黄酮含量计算如下：

$$A = \frac{c \times V}{V_s \times m} \tag{1-11}$$

式中　A——黄酮含量，mg/g；

c——从标准曲线查得黄酮物质的量，mg/mL；

V——样品的总提取液体积，mL；

V_s——测定时所取样品提取液体积，mL；

m——样品质量，g。

思考题

简述果蔬中黄酮类物质的测定原理及注意事项。

实验十　果蔬组织过氧化物酶活性的测定

一、实验目的

学习并掌握果蔬中过氧化物酶活性测定的原理和方法。

二、实验原理

过氧化物酶（peroxidase，POD）果蔬体内普遍存在的一种重要的氧化还原酶，与果蔬生长发育、成熟衰老、抗病、抗氧化、抗逆境等生理生化代谢过程密切相关。在POD催化作用下，过氧化氢（H_2O_2）能将愈创木酚（邻甲氧基苯酚）氧化成棕红色聚合物四邻甲氧基苯酚，该产物呈红棕色，在470nm处最大吸收峰，且在一定范围内其颜色的深浅与产物的浓度成正比，故可通过比色法测定过氧化物酶的活性。

三、实验材料、器材与试剂

1. 实验材料

苹果、梨、板栗、茄子、马铃薯、莲藕等。

2. 实验器材

天平、研钵、高速冷冻离心机、移液器、离心管、分光光度计、容量瓶、试管等。

3. 试剂

愈创木酚、H_2O_2、乙酸、乙酸钠、聚乙烯吡咯烷酮（PVP）、乙二胺四乙酸二钠（EPTA-Na$_2$）、Triton X-100。

四、实验步骤

1. 溶液配制

（1）0.1mol/L pH 5.5 乙酸-乙酸钠缓冲液：母液A（200mmol/L乙酸溶液）：精确量取11.55mL冰醋酸，加蒸馏水稀释并定容至1 000mL；母液B（200mmol/L乙酸钠溶液）：称取16.4g无水乙酸钠（或称取27.2g三水合乙酸钠），用蒸馏水溶解并定容至

1 000mL。取 68mL 母液 A 和 432mL 母液 B 混合后，调节 pH 值至 5.5，加蒸馏水稀释并定容至 1 000mL。

（2）提取缓冲液（含 5% PVP、1mmol/L EDTA 和 0.5% Triton X-100）：称取 0.373g EDTA-Na$_2$、5g PVP，取 0.5mL Triton X-100，用 0.1mol/L pH 5.5 乙酸-乙酸钠缓冲液溶解、稀释并定容至 100mL。

（3）25mmol/L 愈创木酚溶液：取 320μL 愈创木酚，用 50mmol/L pH 5.5 乙酸-乙酸钠缓冲液稀释并定容至 100mL。

（4）0.5mol/L H$_2$O$_2$溶液：取 1.42mL 30% H$_2$O$_2$溶液，用 50mmol/L pH 5.5 乙酸-乙酸钠缓冲液稀释并定容至 50mL，现用现配，避光保存。

2. 酶液的提取

取 5.0g 样品，加入 5mL 提取缓冲液，冰浴研磨成匀浆，于 4℃ 12 000×g 离心 20min，收集上清液，低温保存备用。

3. 酶活性测定

取一支试管，加入 3.0mL 25mmol/L 愈创木酚溶液和 0.5mL 酶提取液，最后加入 200μL 0.5mol/L H$_2$O$_2$溶液迅速混合启动反应，同时开始计时，将反应混合液倒入比色杯中，置于分光光度计样品室，以蒸馏水为参比，在波长 470nm 处测定反应 15s 时吸光度值，作为反应初始值，每隔 30s 记录一次，连续测定至 3min。

五、实验结果计算

POD 酶活性以单位时间单位质量果蔬样品鲜重在 470nm 吸光度变化 0.01 为 1 个酶活力单位，样品中 POD 酶活性计算如下：

$$P = \frac{\Delta A_{470} \times V}{m \times V_s \times 0.01 \times t} \tag{1-12}$$

式中　P——POD 酶活性，U/(g·min)；

　　　ΔA_{470}——反应时间内吸光度的变化；

　　　m——样品质量，g；

　　　V——样品的总提取液体积，mL；

　　　V_s——测定时所取样品提取液体积，mL；

　　　t——反应时间，min。

思考题

1. 果蔬中过氧化物酶有哪些生理作用？
2. 果蔬中测定过氧化物酶的原理和方法。

实验十一　果蔬组织多酚氧化酶活性的测定

一、实验目的

食品的褐变主要分为酶促褐变和非酶促褐变，多酚氧化酶是引起果蔬酶促褐变的主要酶之一，多酚氧化酶活性的测定对于确定果蔬贮藏加工中合理的护色措施具有指导意义。通过本实验的学习，掌握果蔬中多酚氧化酶活性测定的原理和方法。

二、实验原理

多酚氧化酶能催化邻苯二酚等简单酚类物质氧化形成醌类化合物，醌类化合物进一步聚合形成呈褐色、棕色或黑色的聚合物。氧化形成的醌类化合物或聚合物在 420nm 波长处有最大吸收峰。因此，可利用比色法测定多酚氧化酶的活性。

三、实验材料、器材与试剂

1. 实验材料

苹果、梨、柿子、莲藕、马铃薯、荸荠等易发生褐变的果蔬。

2. 实验器材

天平、研钵、高速冷冻离心机、移液器、离心管、分光光度计、100mL 和 1 000mL 容量瓶、试管等。

3. 试剂

乙酸、乙酸钠、PVP、EDTA-Na$_2$、Triton X-100、邻苯二酚。

四、实验步骤

1. 溶液配制

（1）0.1mol/L pH 5.5 乙酸–乙酸钠缓冲液：母液 A（200mmol/L 乙酸溶液）：精确量取 11.55mL 冰醋酸，加蒸馏水稀释并定容至 1 000mL；母液 B（200mmol/L 乙酸钠溶液）：称取 16.4g 无水乙酸钠（或称取 27.2g 三水合乙酸钠），用蒸馏水溶解并定容至 1 000mL。取 68mL 母液 A 和 432mL 母液 B 混合后，调节 pH 值至 5.5，加蒸馏水稀释并定容至 1 000mL。

（2）100mmol/L 邻苯二酚溶液：称取 1.1g 邻苯二酚，用 0.1 mol/L pH 5.5 乙酸–乙酸钠缓冲液溶解，稀释并定容至 100mL。

（3）提取缓冲液（含 5% PVP、1mmol/L EDTA 和 0.5% Triton X-100）：称取 0.373g EDTA-Na$_2$、5g PVP，取 0.5mL Triton X-100，用 0.1mol/L pH 5.5 乙酸–乙酸钠缓冲液溶解、稀释并定容至 100mL。

2. 酶液的提取

取 5.0g 样品，加入 5mL 提取缓冲液，冰浴研磨成匀浆，于 4℃ 12 000×g 离心 20min，收集上清液，低温保存备用。

3. 酶活性测定

取一支试管，加入 3.0mL 100mmol/L 邻苯二酚溶液和 0.5mL 酶提取液，迅速混合启动反应，同时开始计时，将反应混合液倒入比色杯中，置于分光光度计样品室，以蒸馏水为参比，在波长 420nm 处测定反应 15s 时吸光度值，作为反应初始值，每隔 30s 记录一次，连续测定至 3min。

五、实验结果计算

多酚氧化酶活性以单位时间单位质量果蔬样品鲜重在 398nm 吸光度变化 1 为 1 个酶活力单位，样品中多酚氧化酶活性计算如下：

$$P = \frac{\Delta A_{398} \times V}{m \times V_s \times t} \qquad (1-13)$$

式中　　P——多酚氧化酶活性，U/（g FW·min）；

　　　　ΔA_{398}——反应时间内吸光度的变化；

　　　　m——样品质量，g；

　　　　V——样品的总提取液体积，mL；

　　　　V_s——测定时所取样品提取液体积，mL；

　　　　t——反应时间，min。

思考题

1. 果蔬中多酚氧化酶生理作用是什么？
2. 多酚氧化酶的测定原理和步骤。

实验十二　果蔬呼吸强度的测定

呼吸作用是果蔬采后进行的重要生理活动，对果蔬贮运过程中的品质变化和贮藏寿命有重要影响，是衡量果蔬呼吸强弱的重要指标。通过测定果蔬的呼吸强度，可以使学生了解果蔬采后生理变化，为果蔬产品贮运条件的设置和呼吸热的计算提供必要数据。目前，测定果蔬呼吸强度常用的方法有碱液吸收法、红外法和气相色谱法等。

I　碱 液 吸 收 法

一、实验目的

了解果蔬采后生命活动状态，掌握碱液吸收法测定果蔬呼吸强度的原理和方法。

二、实验原理

利用过量的碱液吸收果蔬在一定时间内通过呼吸作用释放的 CO_2，再向吸收液中加入氯化钡，将碱液吸收的 CO_2 固定下来。然后用草酸滴定剩余的碱液，根据草酸的消耗量即可计算出果蔬在呼吸过程中所释放 CO_2 的量。呼吸强度可用单位时间内每千克果蔬在呼吸过程中释放出的 CO_2 的量表示。反应过程如下：

$$2NaOH + CO_2 \rightarrow Na_2CO_3 + H_2O$$
$$Na_2CO_3 + BaCl_2 \rightarrow BaCO_3 \downarrow + 2NaCl$$
$$2NaOH + H_2C_2O_4 \rightarrow Na_2C_2O_4 + 2H_2O$$

　　碱液吸收法可分为气流法和静置法两种。气流法在测定时使不含 CO_2 的气流通过果蔬呼吸室，将呼吸室中果蔬呼吸时释放的 CO_2 带入吸收管，被管中定量的碱液所吸收，经一定时间的吸收后，取出碱液，用草酸滴定，根据反应关系式计算出 CO_2 量。气流法的特点是果蔬处在气流通畅的环境中呼吸，比较接近自然状态，因此，可以在一定的条件下进行长时间的多次连续测定；气流法设备复杂，结果准确。静置法在测定时将样品置于干燥器中，干燥器底部放入定量碱液，果蔬呼吸放出的 CO_2 自然下沉而被碱液吸收，静置一定时间后取出碱液，用草酸滴定，计算出样品在呼吸过程中释放出的 CO_2 的量。静置法比较简单，不需特殊设备，但准确性较差。

三、实验材料、器材与试剂

1. 实验材料

　　苹果、梨、柑橘、番茄、黄瓜、青菜等新鲜果蔬。

2. 实验器材

　　真空干燥器、大气采样器、吸收管、滴定管架、25mL 滴定管、150mL 锥形瓶、培养皿、10mL 小漏斗移液管、洗耳球、100mL 容量瓶、普通电子天平、精密电子天平、橡胶管。

3. 试剂

　　钠石灰、0.2g/mL NaOH 溶液、0.4mol/L NaOH 溶液、0.1mol/L 草酸（$H_2C_2O_4$）溶液、饱和 $BaCl_2$ 溶液、1%酚酞指示剂、正丁醇、凡士林。

四、实验步骤

（一）气流法

1. 检查气密性

　　按图 1-5（暂时不串接吸收管）用导管连接好钠石灰瓶、0.2g/mL NaOH 瓶、呼吸室、安全瓶（空气净化瓶）和大气采样器，检查气密性，应不漏气。开动大气采样器中的空气泵，如果在装有 0.2g/mL NaOH 溶液的空气净化瓶中有连续不断的气泡产生，说明整个系统气密性良好，否则应检查各接口是否漏气。

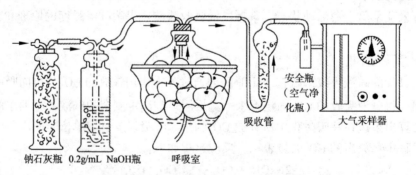

钠石灰瓶　0.2g/mL NaOH瓶　　呼吸室　　　　吸收管　　安全瓶（空气净化瓶）　　大气采样器

图 1-5　气流法测定果蔬呼吸强度装置示意

2. 呼吸室平衡

用台秤称取 1kg 左右果蔬材料，放入呼吸室，先将呼吸室与安全瓶连接，拨动开关，将空气流量调在 0.4L/min；定时钟旋钮按反时针方向转到 30min 处，先使呼吸室抽气平衡 0.5h，然后准备连接吸收管开始正式测定。

3. 空白滴定

用移液管吸取 10.0mL 0.4 mol/L NaOH，放入一支吸收管中，加一滴正丁醇，稍加摇动后再将其中的碱液毫无损失地移到锥形瓶中，用煮过的蒸馏水冲洗 5 次，直至显中性为止。加 5.0mL 饱和 $BaCl_2$ 溶液和 2 滴酚酞指示剂，然后用 0.1mol/L 草酸溶液滴定至粉红色消失即为终点。记下滴定量，重复 3 次，取平均值，即为空白滴定量(V_1)。如果两次滴定相差超过 0.1mL，必须重新滴定 1 次。同时，取另一支吸收管装好同量碱液和一滴正丁醇，安装在大气采样器的管架上准备吸收来自呼吸室的 CO_2。

4. 样品滴定

呼吸室抽气 0.5h 后，立即接上吸收管，把定时针重新转到 30min 处，调整流量保持 0.4L/min。待样品测定 0.5h 后，取下吸收管，将碱液移入锥形瓶中，加入 5.0mL 饱和 $BaCl_2$ 溶液和 2 滴酚酞指示剂，用 0.1 mol/L 草酸溶液滴定，操作同空白滴定，记下滴定量(V_2)。

（二）静置法

用移液管吸取 10.0mL 0.4mol/L NaOH 溶液放入培养皿中，将培养皿放到呼吸室底部(玻璃干燥器)，放置隔板，装入 1kg 左右的果蔬(以不放置果蔬样品为空白)，封盖，密闭 0.5h 后取出培养皿，将碱液移入锥形瓶中(冲洗 3~4 次)，加入 5.0mL 饱和 $BaCl_2$ 溶液和 2 滴酚酞指示剂，用 0.1mol/L 草酸溶液滴定至终点，记录滴定量，空白滴定量记为 V_1，样品滴定量记为 V_2(图 1-6)。

图 1-6　静置法测定果蔬呼吸强度装置示意

（三）注意事项

(1)利用碱液吸收法测定果实吸收强度时，应在玻璃干燥器磨口处涂上凡士林，通过滑动玻璃盖，使容器保持较好的密封性。

(2)利用静置法测定果蔬呼吸强度时，密闭时间不宜过长，以免果蔬因消耗过多密闭空间的氧气，导致出现无氧呼吸，从而使结果出现较多的误差。

(3)果蔬材料的成熟度或发育程度对呼吸强度的测定具有一定的影响；果蔬机械损伤情况、有无病虫害也会对果蔬呼吸强度的测定带来影响。因此，在测定呼吸强度时应尽量保持样品的均匀整齐程度，剔除带机械伤口及病虫害果蔬。

五、实验结果记录与计算

1. 实验数据记录

表 1-10　碱液吸收法测定呼吸强度的数据记录

重复次数	样品质量 m/kg	测定时间 t/h	气流量/ (L/min)	0.1mol/L 草酸溶液用量/mL		果蔬呼吸强度/[mg/(kg·h)]	
				空白(V_1)	测定(V_2)	计算值	平均值±标准偏差
1							
2							
3							

2. 结果计算

呼吸强度以每小时每千克果蔬释放的 CO_2 的质量表示，单位是 mg/(kg·h)，计算如下：

$$呼吸强度 = \frac{(V_1 - V_2) \times c \times 22}{m \times t} \tag{1-14}$$

式中　c——草酸溶液物质的量浓度，mol/L；

　　　V_1——空白滴定中草酸溶液用量，mL；

　　　V_2——测定滴定中草酸溶液用量，mL；

　　　m——果蔬质量，kg；

　　　t——测定时间，h；

　　　22——测定中 NaOH 与 CO_2 的质量转换数（22 = 44/2，44 为 CO_2 摩尔质量，按标准状况计；"2"指吸收过程中消耗 2mol NaOH 相当于吸收 1mol CO_2 的量）。

思考题

利用静置法测定果蔬呼吸强度时，果蔬密闭时间对测定结果的影响。

Ⅱ　气相色谱法

一、实验目的

了解利用气相色谱法测定 CO_2 体积分数的方法。

二、实验原理

一般利用热导池检测器（TCD）检测微量的 CO_2，而氢火焰离子化检测器（FID）对 CO_2 无响应。但是，在气相色谱上安装甲烷化装置（CO_2 转化炉）后，就可利用 FID 检测器检测低浓度的 CO_2。该装置中采用特殊颗粒（一般为 40～60 目）的镍催化剂，安装在分离柱末端，与 FID 检测器相连，它可将分离柱分离的 CO_2 组分与 H_2 作用转化成甲烷，在 FID 检测器中产生的响应值间接测出 CO_2 组分的量。CO_2 转化炉连接杆能直接插入到 FID 检测器中，通入 H_2 后在高温下即可完成转化。因此，利用配有转化炉的气相色谱仪可以检测果蔬在呼吸过程中释放出的 CO_2，利用外标法计算 CO_2 含量。

三、实验材料、器材与试剂

1. 实验材料

苹果、梨、柑橘、番茄等各种果蔬。

2. 实验器材

带有空心橡胶塞的玻璃容器（如玻璃干燥器等，塞上带有取气口）、玻璃样品瓶（300mL，带有橡胶塞）、医用注射器（1mL）、天平（量程 600～1 000g）、气相色谱仪（带有 FID 检测器）。

3. 试剂

标准 CO_2、标准 N_2。

四、实验步骤

1. 气相色谱配置及工作条件

气相色谱配置有不锈钢填充柱、氢火焰离子化检测器（FID）和 CO_2 转化炉。色谱柱长 2m，内径 2mm，填充物质 Porapak 80～100。载气 N_2，流速 18mL/min，燃气 H_2 流速 33mL/min，助燃气体空气流速 150mL/min。进样温度 120℃，柱温 60℃，检测温度 360℃。气相色谱配有色谱工作站，利用色谱软件进行响应信号处理。

2. 制作 CO_2 标准曲线

取 300mL 样品瓶，倒置，将氮气导管伸入到瓶中充分通气，以将瓶中空气排出。经过长时间排气后，用橡胶塞密封瓶口。再往样品瓶中注入一定量的标准 CO_2，分别配制含量为 0、0.03%、0.06%、0.09%（体积分数）的 CO_2 气体，充分摇动。然后，用注射器从橡胶塞上取 1.0mL 气体，在气相色谱仪进样口上进样测定，确定 CO_2 出峰时间，应用该色谱软件，制作 CO_2 浓度-峰面积标准曲线。

3. 气体收集与测定

打开玻璃容器，倒扣放置或用风扇吹风，使容器中气体与空气平衡。然后放入 1kg 左右果实，在室温下密闭 30min，用注射器从容器橡胶塞顶空取 1.0mL 气体，在气相色谱仪上进样测定。经色谱仪检测后得到色谱图，加载标准曲线后，通过面积外标法即可得到进样气体 CO_2 体积分数（%）。同时，用另外一个同样容器作空白试验，测定 CO_2 体积分数。重复 3 次。

4. 密闭空间体积测量

通过排水法测定放置果实的玻璃容器中剩余空间体积（即为密闭空间体积）。

五、实验结果记录与计算

1. 实验数据记录

表 1-11 气相色谱法测定果蔬呼吸强度的数据记录

重复次数	样品质量 m/kg	密闭时间 t/h	样品中 CO_2 体积分数/%		密闭空间体积 V/mL	果蔬呼吸强度/[mg·(kg·h)]	
			测定（φ_1）	空白（φ_0）		计算值	平均值±标准偏差
1							
2							
3							

2. 结果计算

呼吸强度以每小时每千克果蔬(鲜重)在呼吸代谢过程中释放的 CO_2 的质量表示，单位是 mg/(kg·h)，计算如下：

$$呼吸强度 = \frac{(\varphi_1 - \varphi_0) \times V \times 1.96}{m \times t} \tag{1-15}$$

式中　φ_1——气相色谱测定的样品气体中 CO_2 体积分数,%；

　　　φ_0——色谱测定的空白气体中 CO_2 体积分数,%；

　　　V——玻璃容器密闭空间的体积, mL；

　　　m——果实的质量, kg；

　　　t——测定时间, h；

　　　1.96——CO_2 的摩尔质量/摩尔体积之比(1.96=44/22.4；按标准状况下计算)。

思考题

如何使密闭空间中顶空所取得气体样品具有代表性，且平行样测定值相差最小？

实验十三　果蔬内源乙烯释放量的测定

一、实验目的

学习和掌握气相色谱法测定乙烯的原理和方法，熟悉气相色谱的工作原理及操作技术。

二、实验原理

乙烯是一种植物成熟激素，由于具有促进果实成熟的作用，并在果实成熟前大量合成，因此被称为成熟激素。果实内源乙烯的浓度常作为判断果实成熟程度及其耐贮性的指标，在果蔬贮藏时间中具有重要的意义。乙烯在常温常压下是一种气体，比空气轻，由于含量低，目前普遍使用气相色谱法进行测定。

气相色谱仪是以气体为流动相。当包含某一种被分析组分的混合样品被注入后，可瞬间气化，样品由流动相载气所携带，经过装有固定相的色谱柱，由于组分分子与色谱柱内部固定相分子间不断发生吸附、脱附、溶解等过程，使得混合样品的各组分得到分离。被分离的组分顺序进入检测器，检测器将按物质的浓度或质量的变化转化为一定的电信号，得到色谱图。从色谱图可得出每个峰出现的时间，进行定性分析；根据峰面积或峰高的大小，进行定量分析。

三、实验材料、器材与试剂

1. 实验材料

苹果、李、香蕉等成熟果实。

2. 实验器材

盖顶具橡胶塞的真空干燥器、气相色谱仪-氢火焰离子化检测器、10μL 微量进样器、1mL 注射器。

3. 试剂

氮气（N_2）、氢气（H_2）、标准乙烯。

四、实验步骤

1. 乙烯收集

将果实称重，之后密封于真空干燥器中一段时间。果实产生的乙烯，会通过扩散作用逐渐释放，并在真空干燥器内积累。用注射针头通过橡胶塞从中抽取一定体积的乙烯气体。

2. 气相色谱仪调试

先通 N_2，调整好 N_2 流速，接通色谱仪电源。调节柱温 80℃，进样口温度 140℃。打开点火装置电源及空气压缩机开关，调节适当的量程和衰减。打开 H_2 发生器，调节 H_2 和空气压力。点火，使 H_2 在燃烧室内燃烧。再次调整 H_2 和空气压力，待基线稳定后即可正式测定。

3. 样品乙烯释放量测定

将标准乙烯和样品分别注入气相色谱仪进行分析，以标准乙烯色谱峰的保留时间作为定性的依据，以其峰面积求出样品中被测定的乙烯的含量。

五、实验结果计算

果蔬内源乙烯释放量计算如下：

$$乙烯释放量[\mu L/(kg \cdot h)] = \frac{c \times (V_1 - V_2)}{m \times T} \times \frac{H}{H_0} \tag{1-16}$$

式中　c——气样中的乙烯浓度，$\mu L/L$；

V_1——密封容器的体积，L；

V_2——被测样品的体积，L；

m——样品质量，kg；

T——密封时间；

H——被测样品乙烯峰高；

H_0——标样乙烯峰高。

思考题

简述气相色谱法测定乙烯的原理及主要实验步骤。

实验十四　生鲜肉类新鲜度的检验

肉品的新鲜度指的是肉品的新鲜程度，是衡量肉品是否符合食用要求的客观标准。肉的变质是一个渐进过程，很多因素都会影响人们对肉新鲜度的正确判断。检验肉的新鲜度，一般从感官性状、腐败分解产物的特性和数量及细菌的污染程度等方面进行。实践中肉品新鲜度的检验一般采用感官检验和理化检验相结合的综合检验方法。感官检验方法是通过检验者的视觉、嗅觉、触觉及味觉等感觉器官对肉进行检查，是国家规定检验肉品新鲜度的标准之一，也是肉品新鲜度检验最基本的方法。肉类新鲜度的理化检验方法较多，如挥发性盐基氮的测定、pH 值的测定、聚胺类化合物的测定、H_2S 的测定、肉表面细菌总数检查等。但目前只有挥发性盐基氮的测定是国家现行法定检测方法，其他理化检验方法只能作为肉品新鲜度的辅助检验方法。

I　肉品新鲜度的感官检验

一、实验目的
通过本实验，使学生掌握原料肉新鲜度的感官评定方法和分级标准。

二、实验原理
肉类新鲜度的感官检验主要是观察肉品表面和切面的状态，如外观、色泽、黏度、组织状态、弹性、风味的质量好坏及煮沸后肉汤的变化等，根据检验结果做出综合判断。

三、实验材料与器材
1. 实验材料
猪肉或牛肉、羊肉、兔肉、禽肉等。
2. 实验器材
检肉刀、尖刀、温度计、100mL 量筒、200mL 烧杯、白色瓷盘或同类容器、表面皿、石棉网、天平、电炉。

四、实验步骤
1. 看
取适量试样置于洁净的白色瓷盘或同类容器中，在自然光下，观察肉的表面及脂肪的色泽，有无污染附着物，用刀沿肌纤维的方向切开，观察断面的颜色。
2. 闻
在常温下嗅其气味。
3. 压
指压肉表面，看指压凹陷恢复情况、触感表面干湿和是否发黏。
4. 煮
称取切碎肉样 20g，放在烧杯中加水 100mL，盖上表面皿置于电炉上加热至 50 ~ 60℃时，取下表面皿，嗅其气味，然后将肉样煮沸，静置观察肉汤的透明度及表面的脂肪滴情况。
5. 综合评价
根据检验结果，对照相关国家标准进行综合判断。肉品新鲜度的感官检验标准见表 1–12。

表 1-12　鲜猪肉感官指标评价标准

项目	鲜猪肉	次猪肉(可疑肉)	变质肉
色泽	肌肉色泽鲜红或深红，有光泽，脂肪呈乳白色或粉白色	肌肉色稍暗，切面稍有光泽，脂肪缺乏光泽	肌肉无光泽，脂肪灰绿色
黏度	外表微干或微浸润，不黏手	外表干燥或黏手，新切面湿润	外表极度干燥或黏手，新切面发黏
弹性	指压后的凹陷立即回复	指压后凹陷恢复较慢	指压后凹陷不能恢复，留有明显痕迹
气味	具有鲜猪肉正常气味，无异味	稍有氨味或酸味	有臭味
煮沸后的肉汤	澄清透明，脂肪团聚于表面，具有香味	稍有浑浊，脂肪呈小滴浮于表面	浑浊，有黄色絮状物。脂肪较少，浮于表面，有臭味

思考题

简述肉类新鲜度的感官检验指标和检验步骤。

Ⅱ　挥发性盐基氮的测定

一、实验目的

掌握肉品中挥发性盐基氮(total volatile basic nitrogen，TVB-N)测定的原理和方法。

二、实验原理

肉类在腐败过程中，蛋白质在酶和细菌的作用下会分解产生具有挥发性的含氮物质，如氨、伯胺、仲胺等，可利用弱碱性试剂氧化酶使试样中碱性含氮物质游离而被蒸馏出来，用硼酸吸收，再用标准酸滴定，计算出含氮量。

三、实验材料、器材与试剂

1. 实验材料

猪肉或牛、羊、兔肉、禽肉等。

2. 实验器材

分析天平(感量为 1mg)、搅拌机、具塞锥形瓶、半微量凯氏定氮器、10mL 吸量管(最小分度 0.01mL)、10mL 微量滴定管(最小分度 0.01mL)。

3. 试剂

1%氧化镁溶液、2%硼酸溶液、0.2%甲基红乙醇液、0.1%亚甲基蓝水溶液、0.01mol/L 盐酸标准溶液。

四、实验步骤

1. 样品处理

将新鲜肉去除皮、脂肪、骨、筋腱，取瘦肉部分，绞碎搅匀。称取 10.00g 样品置于具塞锥形瓶中，加 80mL 蒸馏水，不时振摇，使试样在样液中分散均匀，浸渍 30min 后，转移至 100mL 容量瓶中，以水定容至刻度，充分混匀，过滤。滤液应及时使用，不能及时使用的滤液置于 0~4℃ 下冷藏备用。

2. 蒸馏滴定

将盛有 10mL 硼酸溶液，5 滴混合指示液的锥形瓶置于冷凝管下端，并使冷凝管下端插入液面下。准确吸取 5.0mL 滤液于蒸馏器反应室内，加 5mL 氧化镁混悬液，迅速将玻璃塞盖紧，并加水以防漏气。夹紧螺旋夹，进行蒸馏。以冷凝管出现第一滴冷凝水开始计时，蒸馏 5min 后移动蒸馏液接收瓶，液面离开冷凝管下端，再蒸馏 1min。然后用少量水冲洗冷凝管下端外部，取下蒸馏液接收瓶。以 0.01mol/L 盐酸标准溶液滴定至终点。终点颜色呈蓝紫色。同时做试剂空白实验。

五、实验结果计算

挥发性盐基氮含量计算如下：

$$X = \frac{(V_1 - V_0) \times c \times 14}{m \times V_3/V_2} \times 100 \qquad (1-17)$$

式中　X——样品中挥发性盐基氮的含量，mg/100g；

　　　V_1——测定用样液消耗盐酸标准溶液的体积，mL；

　　　V_0——试剂空白消耗盐酸标准溶液体积，mL；

　　　c——盐酸标准溶液的浓度，mol/L；

　　　m——试样质量，g；

　　　V_2——样液总体积，mL，本方法中 $V_2 = 100$mL；

　　　V_3——准确吸取的滤液体积，mL，本方法中 $V_3 = 5$mL；

　　　100——计算结果换算为毫克每百克（mg/100g）的换算系数；

　　　14——滴定 1.0mL 盐酸[$c(\mathrm{HCl}) = 1.000$mol/L]标准滴定溶液相当氮的质量，g/mol。

思考题

简述挥发性盐基氮的测定原理。

实验十五　生鲜鱼类新鲜度的检验

鱼肉不仅味道鲜美，营养价值高，富含蛋白质、氨基酸和脂肪，是人们日常膳食结构中的重要组成部分。随着生活水平和食品安全意识的不断提高，人们对鱼产品的新鲜度要求也越来越高。因此，在鱼体生产、销售过程中对其新鲜度的检测就显得非常重要。传统的鱼新鲜度的检测方法主要包括感官评价、物理学鉴定、化学鉴定和微生物鉴定等。感官评价是鱼新鲜度检测最重要的方法之一，能够提供独特的鱼产品信息。化学指标检测是指利用化学分析的方法测定鱼新鲜度相关的化学物质的含量。鱼新鲜度化学指标主要为挥发性盐基氮、K 值、pH 值和三甲胺（TMA）等。

I 鱼类新鲜度的感官检验

一、实验目的

了解判断鱼类新鲜度的主要感官指标；掌握鱼类鲜度等级的划分和不同等级的主要感官特征；掌握感官鉴定鱼类新鲜度的方法。

二、实验原理

鱼类死后，随着放置的时间延长，新鲜度会逐渐下降。鱼体新鲜度的下降是由于鱼体内生化变化及外界生物和理化因子综合的结果。伴随着微生物的分解、蛋白质的变性和水分的流失，其感官品质也发生了改变，如表现在眼球塌陷、肌肉弹性下降、鳞片暗淡无光泽、肛门突出等感官指标上，通过这些感官指标进行综合判断，就可以定性评定出鱼体的鲜度。欧美国家通用的方法主要是感官质量指标方法（quality index method，QIM），其通过预先对某一鱼种的外观、风味、质地等参数的观察而形成一个评分系统，每个指标按 0~3 进行评分，最后使用各项指标的加权来评价样品的新鲜程度。我国国家标准 GB 2733—2015 和行业标准 SC/T 3108—2011 中规定了感官评定的具体要求，通过对相关项目的评判来确定鱼的等级。

三、实验材料与器材

1. 实验材料

不同新鲜度的鱼等。

2. 实验器材

菜板、手术刀等。

四、实验步骤

将不同新鲜度的鱼混杂在一起，通过感官鉴别对样品的新鲜度进行分级。对照表 1-13 进行逐一判断记录。首先观察鱼类的眼睛和鳃，然后检查其全身和鳞片，然后用一块洁净的吸水纸吸鳞片上的黏液来观察和嗅闻，检查黏液的质量。必要时用竹签刺入鱼肉中，拔出后立即嗅其气味，或者切割小块鱼肉，煮沸后测定鱼汤的气味和滋味。

表 1-13 鱼类新鲜度感官鉴定参考标准表（SC/T 3108—2011）

项目	一级品	二级品
活动（活鱼）	对水流刺激反应敏感，身体摆动有力	对水流刺激反应欠敏感，身体乏力
体表	鱼体具固有色泽和光泽，鳞片完整、不易脱落，体态匀称，不畸形	鱼体光泽稍差，鳞片易脱
鳃	色泽鲜红或紫色，鳃丝清晰，无异味，无黏液或有少量透明黏液	色泽淡红或暗红，黏液发暗，但仍透明，鳃丝稍有粘连，无异味及腐败臭
眼	眼球明亮饱满，稍突出，角膜透明	眼球平坦，角膜略混浊
肌肉	结实，有弹性	肉质稍松弛，弹性落差

（续）

项目	一级品	二级品
肛门	紧缩不外凸（雌鱼产卵期除外）	发软，稍突出
内脏（鲜鱼）	无印胆现象	允许微印胆

思考题

判断鱼类感官新鲜度的主要感官指标及其主要的感官特征。

Ⅱ　三甲胺的测定

一、实验目的

通过本实验，掌握测定三甲胺判断鱼新鲜度的方法，培养学生熟练使用气相色谱分析的能力。

二、实验原理

在鱼体死亡后，鱼肉中含有的氧化三甲胺在酶的降解和微生物的作用下，生成三甲胺和二甲胺，并有腥臭味散发，随着鱼存放时间的延长，三甲胺的含量积累越多，腥臭味也越浓。因此，鱼肉中三甲胺的含量可作为鱼肉新鲜度的判断指标。试样经 5%三氯乙酸溶液提取，提取液置于密封的顶空瓶中，在碱液作用下三甲胺盐酸盐转化为三甲胺，在 40℃经过 40min 的平衡，三甲胺在气液两相中达到动态平衡，吸取顶空瓶内气体注入气相色谱-氢火焰离子化检测器（FID）进行检测，以保留时间进行定性，外标法进行定量。

三、实验材料、器材与试剂

1. 实验材料

不同新鲜度的鱼、虾等水产品。

2. 实验器材

气相色谱仪及其配件、刀、案板、电子天平、超速冷冻离心机、匀浆机、恒温水浴锅、顶空瓶、微量注射器等。

3. 试剂

氢氧化钠、三氯乙酸、三甲胺盐酸盐标准品。

四、实验步骤

1. 样品处理

各类鱼、虾等水产品，去鳞去皮，然后称取肌肉部分约 100g，用刀具或切细，捣碎，为制备样。取约 10g（精确至 1mg）制备好的样品，在 50mL 塑料离心管中，加入 20mL 5%三氯乙酸溶液，用均质机均质 1min，离心机上以 4 000r/min 离心 5 min，在玻璃漏斗上加少许脱脂棉，上清液滤入 50mL 容量瓶，残留物再分别用 15mL 和 10mL

5%三氯乙酸重复上述提取过程两次，合并滤液并用5%三氯乙酸溶液定容至50mL。

2. 提取液顶空处理

准确吸取提取液2.0mL于20mL顶空瓶中，压盖密封，用医用塑料注射器准确注入5.0mL 50%氢氧化钠溶液，备用。

3. 标准溶液配制及顶空处理

称取三甲胺盐酸盐标准品0.016 2g，用5%三氯乙酸溶液溶解并定容至100mL，为浓度为100μg/mL标准母液，4℃下放置。再将标准母液用5%三氯乙酸溶液逐级稀释浓度分别为1、2、5、10、20、40μg/mL的三甲胺标准使用溶液。分别取各浓度标准使用液2.0mL于20mL顶空瓶中，压盖密封，用医用塑料注射器分别准确注入2.0mL 50%氢氧化钠溶液，备用。

4. 仪器参考条件

气相色谱仪参考条件：石英毛细管色谱柱，30m×0.32mm×0.5μm（膜厚），固定相聚乙二醇，或其他等效的色谱柱；载气为高纯氮气，流速为2.5mL/min；进样口温度220℃，升温程序：40℃保持3min，30℃/min速率升至220℃，保持1min；检测器温度220℃；尾吹气（氮气）流量35mL/min；氢气流速40mL/min，空气流速400mL/min。

5. 测定

顶空进样：制备好的试样在40℃平衡40min，在上述色谱条件下，进样针抽取顶空瓶内液上气体250μL，注入GC-FID中进行测定。

定性定量：根据标准色谱图中三甲胺的保留时间进行定性分析。采用外标法进行定量分析，以标准峰面积为纵坐标，标准溶液浓度为横坐标，绘制校准曲线，用校准曲线计算试样溶液中三甲胺的浓度。

五、实验结果计算

样品中三甲胺含量按式（1-18）进行计算：

$$X_3 = \frac{c \times V}{m} \tag{1-18}$$

式中　X_3——样品中三甲胺含量，mg/kg；

　　　c——从校准曲线中得到的三甲胺浓度，mg/kg；

　　　V——试样溶液定容体积，mL；

　　　m——试样质量，g。

思考题

鱼肉中三甲胺测定原理及意义。

Ⅲ　K 值 的 测 定

一、实验目的

通过本实验，使学生掌握利用测定 K 值判断鱼新鲜度的方法，并培养学生熟练使用高效液相色谱的能力。

二、实验原理

K 值是指 ATP 分解的低级产物次黄嘌呤核苷酸(HxR)和次黄嘌呤(Hx)占 ATP 分解物的百分比。ATP 及其分解产物是水产动物肌肉核苷酸的主要成分。一般认为，鱼类死后肌肉中的 ATP 依次降解为腺苷二磷酸(ADP)、腺苷酸(AMP)、肌苷酸(IMP)、HxR 和 Hx。随着鱼体死亡时间的延长，鱼体中的 IMP 逐渐减少，而 HxR 和 Hx 逐渐增多。Shewan 等人提出用 K 值来估计鱼的鲜度，经过大量的研究发现，K 值可以作为评价鱼肉新鲜度的一个重要化学指标，K 值越低，鲜度越高。高鲜度的 K 值低于 20%。

三、实验材料、器材与试剂

1. 实验材料

不同新鲜度的鱼。

2. 实验器材

高效液相色谱仪(HPLC)及其配件、刀、案板、电子天平、超速冷冻离心机、匀浆机。

3. 试剂

ATP、ADP、AMP、IMP、HxR、Hx 等 ATP 及其分解产物的标准品，甲醇(色谱纯)、乙醇(色谱纯)、高氯酸、氢氧化钾、磷酸盐缓冲溶液(pH 6.8)。

四、实验步骤

1. 样品处理

分别取不同新鲜度的鱼，沿脊椎剖为两半，取脊背肉，切成约 5mm 的厚鱼片，将样品剪碎后取 1g 放入离心管，加入 10mL 预先冷却的 10% 高氯酸溶液进行抽提，悬浮液在 4℃、10 000r/min 冷冻离心 15min，收集上清液。所得沉淀再用 5mL 高氯酸溶液抽提和离心，合并两次上清液，用 10mol/L 的氢氧化钾溶液中和至 pH 6.0，再用 1mol/L 的氢氧化钾溶液调整至 pH 6.5，静置 0.5h 后用双蒸水定容至 50mL，摇匀，然后通过孔径为 0.45μm 的滤膜过滤，整个过程均在 0~4℃ 条件下进行。

2. HPLC 法测定 ATP 及其降解物的种类和含量

(1)HPLC 检测参考条件：色谱柱 C18(250mm×4.6mm，5μm)，流动相为0.05mol/L的 pH 6.8 的磷酸盐缓冲溶液，流速 1mL/min，柱温 35~40℃，检测波长 254nm，进样量 20μL。

(2)ATP 及其降解产物标准品的测定：将 ATP、ADP、AMP、IMP、HxR、Hx 等 ATP 及其分解产物的标准品以及它们的混标样于上述液相色谱条件下进行测定，并绘制标准图谱和标准曲线。

(3)样品中 ATP 及其降解产物的测定：将步骤 1 制备的滤液用于 HPLC 测定。通过比较样品及标准品色谱峰值的保留时间和峰面积来确定 ATP 及其降解产物的种类和含量。

五、实验结果计算

样品中 K 值计算如下：

$$K = \frac{HxR + Hx}{ATP + ADP + AMP + IMP + HxR + Hx} \times 100\% \qquad (1-19)$$

思考题

鱼类 K 值的定义及其测定意义。

实验十六　食品中细菌总数的测定

一、实验目的

学习并掌握食品中菌落总数测定的基本原理和方法；明确食品中菌落总数测定的卫生学意义。

二、实验原理

食品中细菌总数测定是指食品检样经过处理，在一定条件下培养后，所得 1g 或 1mL 检样中形成的微生物菌落总数。菌落计数以单位质量/体积样品在培养基上形成的菌落数（colony-forming units，cfu）表示。平板菌落计数法是假定食品中的微生物经充分稀释后，在适宜的稀释度下于一定条件的固体培养基上所形成的单个菌落，然后根据其稀释倍数和取样接种量即可换算出样品中的活菌数。菌落总数指标主要作为判别食品被污染程度的标志，也可为分析食品的腐败变质和推测其货架寿命提供理论依据。

三、实验材料、器材与试剂

1. 实验材料

食品检样：以乳粉为例。

2. 实验器材

高压灭菌锅、培养箱、冰箱、水浴锅、天平、电炉、拍击式均质器、pH 计、菌落计数器、无菌移液管、试管、无菌锥形瓶（预置适当数量无菌玻璃珠）、无菌培养皿、1 000mL 量筒等。

3. 试剂

（1）营养琼脂培养基（PCA）：准确称取 5g 胰蛋白胨、2.5g 酵母浸膏、1g 葡萄糖、15~20g 琼脂，分别加入 1 000mL 蒸馏水中，煮沸溶解，冷却至 20~25℃，调节 pH 值至 7.0±0.2，分装试管或锥形瓶，用 0.07MPa（115℃）灭菌 20min 后备用。

（2）无菌 pH 7.2 磷酸盐缓冲液制备：称取 34.0g 的磷酸二氢钾溶于 500mL 蒸馏水中，用大约 175mL 的 1mol/L 氢氧化钠溶液调节 pH 值，以蒸馏水稀释至 1 000mL 后贮存于冰箱中。

稀释液制备：取贮存液 1.25mL，用蒸馏水稀释至 1 000mL，分装于适宜容器中，0.1MPa 灭菌 15min。

（3）其他试剂：0.85%无菌生理盐水、75%酒精棉球。

四、实验步骤

实验流程如图1-7所示：检样→25g（或 25mL）样品+ 225mL 稀释液，均质→10 倍系列稀释→选择 2~3 个适宜稀释度的样品匀液，各取 1mL 分别加入无菌培养皿内→每皿中加入 15~20mL 平板计数琼脂培养基，混匀→培养→计数各平板菌落数→计算菌落总数→报告。

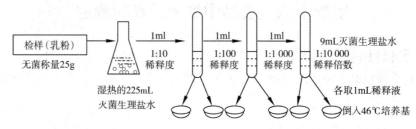

图 1-7　检样稀释操作流程

1. 样品的处理

（1）固体和半固体样品：称取 25g 样品，置于盛有 225mL 无菌生理盐水或磷酸盐缓冲液的无菌均质杯内，8 000~10 000r/min 均质 1~2min。或放入盛有 225mL 稀释液的无菌均质袋中，用拍击式均质器拍打 1~2min，制成 1:10 的样品匀液。

（2）液体样品：以无菌吸管吸取 25mL 样品置于盛有无菌的 225mL 生理盐水或磷酸盐缓冲液的锥形瓶（预置适当数量无菌玻璃珠）中，以漩涡混合器充分混匀（时间 0.5~1.0min），制成 1:10 的样品匀液。

2. 编号

取无菌平皿数套，分别用记号笔标明不同稀释度各 2 套。另取数支 9mL 无菌生理盐水或磷酸盐缓冲液的试管，依次标明其稀释度。

3. 样品的稀释

用 1mL 无菌吸管或微量移液器吸取 1:10 样品匀液 1mL，沿管壁缓慢注入盛有 9mL 无菌生理盐水或磷酸盐缓冲液的试管中，以漩涡混合器充分混匀（时间 0.5~1.0min）或另换用一支无菌吸管反复吹打至少 50 次混匀，制成 1:100 的样品匀液。按照上述操作，制备 10 倍系列稀释样品匀液。

根据对样品污染状况的估计，选择 2~3 个适宜稀释度的样品匀液（液体样品可包括原液），在进行 10 倍递增稀释时，吸取 1mL 样品匀液于无菌平皿内，每个稀释度做两个平皿。同时分别吸取 1mL 空白稀释液加入两个无菌平皿内做空白对照。

4. 倾注倒平板

稀释液移入平皿后，将冷却至 46℃ 的平板计数营养琼脂培养基（PCA）倾注平皿 15~20mL，并转动平皿使其混合均匀。

5. 培养

待琼脂凝固后，将平皿倒置于（36±1）℃ 培养箱中培养（48±2）h，如果样品中可能含有在琼脂培养基表面弥漫生长的菌落时，可在凝固后的琼脂表面覆盖一薄层琼脂培养基（约 4mL）。凝固后翻转平板进行培养。

6. 菌落计数

可用肉眼观察，必要时用放大镜或菌落计数器，记录稀释倍数与相应的菌落计数，以菌落形成单位(cfu)表示。

(1)选取菌落数在 30~300cfu 之间、无蔓延菌落生长的平板计数菌落总数。低于 30cfu 的平板记录具体菌落数，大于 300cfu 的可记录为多不可计。每个稀释度的菌落数应采用两个平板的平均数。

(2)其中一个平板有较大片状菌落生长时，则不宜采用，而应以无片状菌落生长的平板作为该稀释度的菌落数；若片状菌落不到平板的一半，而其余一半中菌落分布又很均匀，即可计算半个平板后乘以 2，代表一个平板菌落数。

(3)当平板上出现菌落间无明显界线的链状生长时，则将每条单链作为一个菌落计数。

7. 菌落总数的计算方法

(1)若只有一个稀释度平板上的菌落数在 30~300cfu 之间，计算两个平板菌落数的平均值，再将平均值乘以相应稀释倍数，作为每克(毫升)样品中菌落总数结果。

(2)若有两个连续稀释度的平板菌落数在 30~300cfu 之间(表 1-14)，则菌落总数按照式(1-20)计算：

$$N = \frac{\sum C}{(n_1 + 0.1n_2) \times d} \tag{1-20}$$

式中　N——样品中菌落数；

$\sum C$——平板(含适宜范围菌落数的平板)菌落数之和；

n_1——第一稀释度(低稀释倍数)平板个数；

n_2——第二稀释度(高稀释倍数)平板个数；

d——稀释因子(第一稀释度)。

表 1-14　两个连续稀释度的平板菌落数结果与菌落总数

稀释度	1:100(第一稀释度)	1:1 000(第二稀释度)	cfu/g(mL)
菌落数/cfu	232，244	33，35	25 000 或 2.5×10⁴

计算示例：$N = \sum C / [(n_1 + 0.1n_2) \times d] = (232+244+33+35)/[(2+0.1×2)×10^{-2}] = 544/0.022 \approx 24\ 727$

上述数据对"24 727'"数字修约后，表示为 25 000 或 2.5×10⁴(表 1-14)。

(3)若所有稀释度的平板上菌落数均大于 300cfu，则对稀释度最高的平板进行计数，其他平板可记录为多不可计，结果按平均菌落数乘以最高稀释倍数计算。

(4)若所有稀释度的平板菌落数均小于 30cfu，则应按稀释度最低的平均菌落数乘以稀释倍数计算。

(5)若所有稀释度的平板菌落数均不在 30~300cfu，其中一部分小于 30cfu 或大于 300cfu 时，则以最接近 30cfu 或 300cfu 的平均菌落数乘以稀释倍数计算。

(6)若所有稀释度(包括液体样品原液)平板均无菌落生长，则以小于 1 乘以最低稀释倍数计算；此种情况如为液体样品原液，则以小于 1 计数。

五、实验结果记录与报告

菌落总数的报告(表1-15):菌落数>100cfu时,按实有数字报告;菌落数≥100cfu时,则报告前面两位有效数字,第三位数按四舍五入计算,也可以10的指数表示,如205 043报告为210 000或$2.1×10^5$;若所有平板上为蔓延菌落而无法计数,则报告菌落蔓延。若空白对照平板上有菌落出现,则此次检测结果无效。称重取样以cfu/g为单位报告,体积取样以cfu/mL为单位报告。

表1-15　菌落总数的报告方式

例次	10^{-1}稀释度菌落平均数	10^{-2}稀释度菌落平均数	菌落总数的计算描述	报告方式/[cfu/(g·mL)]
1	多不可计	345	菌落数均>300cfu,则取稀释度最高者报告,余记为多不可数	$3.5×10^4$
2	12	2	菌落数均<30cfu,则取稀释度最低者报告	$1.2×10^2$
3	350	29	所有平板菌落数均不在30~300cfu且一部分<30或>300者,以最接近30或300者报告	$2.9×10^3$
4	0	0	所有平板无菌落,记为1乘以最低稀释倍数报告	$<1×10$, 10

思考题

1. 为什么熔化后的培养基要冷却至46℃才能倒入有菌液的平板?
2. 在平板菌落计数法中,计数准确的要点是什么?
3. 同一种菌液用血球计数板和平板菌落计数法同时计数,所得结果是否一致?

实验十七　食品中大肠菌群的测定

一、实验目的

了解大肠菌群在食品卫生检验中的意义;掌握食品中大肠菌群的计数方法,以判别食品的卫生质量。

二、实验原理

大肠菌群是指在一定条件下能发酵乳糖产酸、产气的需氧和兼性厌氧革兰阴性无芽孢杆菌。食品中大肠菌群数以每毫升(克)检样中发现大肠菌群的最可能数(most probable number,MPN)来表示,简称大肠菌群的MPN值。本方法中大肠菌群的检测分为LST初发酵和BGLC复发酵。在月桂基硫酸盐胰蛋白胨(LST)肉汤初发酵试验中,月桂基硫酸盐可抑制大部分非大肠菌群类细菌(包括革兰阳性菌和革兰阴性菌)的生长,但有些产芽孢细菌、肠球菌仍能生长,故初发酵的产气管不能确定就是大肠菌群,因此要进一步进行复发酵试验。在煌绿乳糖胆盐(BGLB)肉汤复发酵培养基中,煌绿能抑制产芽孢细菌生长,牛胆盐也有抑制革兰阳性菌的作用,故经复发酵验证试验才能确认是大肠菌群。大肠菌群主要来源于人和动物的粪便，既可作为食品被粪便污染的指示菌，其数量高低表明了食品被粪便污染的程度，又可作为食品被肠道致病菌污染的指示菌，其数量高低表明了肠道致病菌对人体健康危害性的大小，具有广泛的卫生学意义。

三、实验材料、器材与试剂

1. 实验材料

检样、各类食品。

2. 实验器材

恒温水浴箱、电子天平、锥形瓶、试管、培养皿、移液管、高压灭菌锅、培养箱等。

3. 试剂

（1）月桂基硫酸盐胰蛋白胨(LST)肉汤培养基：将20g胰蛋白胨或胰酪胨、5g氯化钠、5g乳糖、2.75g磷酸氢二钾(K_2HPO_4)、2.75g磷酸二氢钾(KH_2PO_4)、0.1g月桂基硫酸钠溶解于蒸馏水中，调节pH值至6.8±0.2，定容至1 000mL。混匀后，分装到有杜氏小管的试管中，每管10mL。0.07MPa灭菌20min后备用。注：双料LST肉汤除蒸馏水外，其他成分按2倍用量配制。灭菌后，若小倒管内有气泡，则趁热置于凉水中，以便排出小倒管内的气泡。

（2）煌绿乳糖胆盐(BCLB)肉汤：将蛋白胨10g、乳糖10g溶于约500mL蒸馏水中，加入牛胆粉溶液200mL（将20g脱水牛胆粉溶于200mL蒸馏水中，调节pH值至7.0~7.5），用蒸馏水稀释至975mL，调节pH值，再加入0.1%煌绿水溶液13.3mL，用蒸馏水补足至1 000mL，用棉花过滤后，分装到有杜氏小倒管的试管中，每管10mL，0.07MPa灭菌20min后备用。

（3）无菌pH值7.2磷酸盐缓冲液：贮存液制法：称取34.0g的磷酸二氢钾溶于500mL蒸馏水中，用大约175mL的1mol/L NaOH溶液调节pH，以蒸馏水稀释至1 000mL后贮存于冰箱中；稀释液制法：取贮存液1.25mL，用蒸馏水稀释至1 000mL，分装于适宜容器中，0.1MPa灭菌15min。

（4）其他试剂：0.85%无菌生理盐水（9mL/管，225mL/250mL锥形瓶，内含适量玻璃珠）、磷酸盐缓冲液、无菌1mol/L NaOH、无菌1mol/L HCl、75%酒精棉球。

四、实验步骤

实验流程如图1-8所示。

1. 样品的处理

（1）固体和半固体样品：按食品中细菌的菌落总数测定方法制备1∶10的样品匀液。

（2）液体样品：按食品中细菌的菌落总数测定方法制备1∶10的样品匀液。

样品匀液(1∶10)的pH值应在6.5~7.5，必要时分别用1mol/L NaOH或1mol/L HCl调节。

2. 编号

弃用小倒管内有气泡的肉汤管，用记号笔分别标明3个连续稀释度肉汤管（每个稀释度为3个平行），另取数支9mL无菌生理盐水试管，依次标明其稀释度。

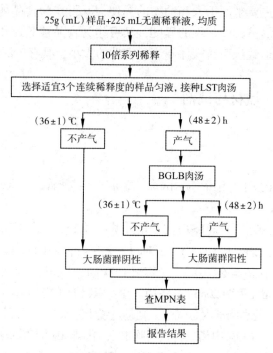

图 1-8　大肠菌群 MPN 计数法检验程序

3. 样品的稀释

按食品中细菌的菌落总数测定方法制备 1∶100 的样品匀液。根据对样品污染状况的估计，按上述操作，依次制成 10 倍递增系列稀释样品匀液。

4. 初发酵试验

选择 3 个适宜的连续稀释度的样品溶液（液体样品可以选择原液），每个稀释度接种 3 管 LST 肉汤，每管接种 1mL（如接种量超过 1mL，利用双料 LST 肉汤），于（36±1）℃培养（24±2）h，观察小倒管内是否有气泡产生。（24±2）h 产气者进行复发酵试验（证实试验），如未产气则继续培养至（48±2）h，产气者进行复发酵试验。未产气者为大肠菌群阴性。

5. 复发酵试验（证实试验）

用接种环从产气的 LST 肉汤管中分别取培养物 1 环，移种于 BGLB 肉汤管中，于（36±1）℃培养（48±2）h，观察产气情况。产气者，计为大肠菌群阳性管。

6. 大肠菌群最可能数（MPN）的报告

根据步骤 5 确证的大肠菌群 BGLB 阳性管数，检索 MIPN 表（表 1-16），报告每克（毫升）样品中大肠菌群的 MPN 值。

五、实验结果记录与报告

（1）将检测出样品中的数据以表格的方式报告结果。

（2）根据检测结果，判断所测样品中大肠菌群的 MPN 值是否符合食品卫生要求。

表 1-16　大肠菌群最可能数（MPN）检索表

阳性管数			MPN/	95%可信限		阳性管数			MPN/	95%可信限	
0.1	0.01	0.001	（g/mL）	下限	上限	0.1	0.01	0.001	（g/mL）	下限	上限
0	0	0	<3.0	—	9.5	2	2	0	21	4.5	42
0	0	1	3.0	0.15	9.6	2	2	1	28	8.7	94
0	1	0	3.0	0.15	11	2	2	2	35	8.7	94
0	1	1	6.1	1.2	18	2	3	0	29	8.7	94
0	2	0	6.2	1.2	18	2	3	1	36	8.7	94
0	3	0	9.4	3.6	38	3	0	0	23	4.6	94
1	0	0	3.6	0.17	18	3	0	1	38	8.7	110
1	0	1	7.2	1.3	18	3	0	2	64	17	180
1	0	2	11	3.6	38	3	1	0	43	9	180
1	1	0	7.4	1.3	20	3	1	1	75	17	200
1	1	1	11	3.6	38	3	1	2	120	37	420
1	2	0	11	3.6	42	3	1	3	160	40	420
1	2	1	15	4.5	42	3	2	0	93	18	420
1	3	0	16	4.5	42	3	2	1	150	37	420
2	0	0	9.2	1.4	38	3	2	2	210	40	430
2	0	1	14	3.6	42	3	2	3	290	90	1 000
2	0	2	20	4.5	42	3	3	0	240	42	1 000
2	1	0	15	3.7	42	3	3	1	460	90	2 000
2	1	1	20	4.5	42	3	3	2	1 100	180	4 100
2	1	2	27	8.7	94	3	3	3	>1 100	420	—

注：1. 本表采用 3 个稀释度（0.1、0.01、0.001g/mL），每个稀释度接种 3 管。2. 表内所列检样量如改用 1、0.1、0.01g/mL 时，表内数字应相应降低 10 倍；如改用 0.01、0.001、0.001g/mL 时，则表内数字应相应增高 10 倍，其余以此类推。

思考题

1. 为什么先用月桂基硫酸盐蛋白胨肉汤发酵管进行初发酵？
2. 为什么大肠菌群的检验要经过复发酵才能证实？
3. 复发酵时为什么用煌绿乳糖胆盐发酵管？

实验十八　食品中霉菌和酵母菌的测定

一、实验目的

熟悉并掌握食品中酵母菌和霉菌的平板活菌计数法；明确对被检样品进行酵母菌和霉菌菌落总数测定的卫生学意义。

二、实验原理

霉菌和酵母菌广泛分布于自然界，能使食品失去色、香、味及营养价值；有些霉菌能够合成有毒次级代谢产物——霉菌毒素。因此，霉菌和酵母菌也是评价食品卫生质量的指示菌。霉菌和酵母菌菌落总数的测定是指食品检样经过处理，在一定条件下培养后，所得每克(毫升)检样中所形成的霉菌和(或)酵母菌的菌落总数。本实验中采用平板计数法测定食品中酵母菌和霉菌的菌落总数。其计数方法与细菌平皿菌落总数测定法相似。不同之处：①所用培养基必须采用抑制细菌生长的选择性培养基。②霉菌和酵母菌的培养温度一般为 25~28℃，培养时间为 3~5d。③其菌落总数的计算方法通常选择菌落数在 10~150cfu 的平皿进行计数，以同一稀释度的 2 个平皿的菌落平均数乘以稀释倍数，即为每克(毫升)检样中所含霉菌和酵母菌的 cfu 数量。

三、实验材料、器材与试剂

1. 实验材料

检样、各类食品。

2. 实验器材

高压灭菌锅、培养箱、冰箱、水浴箱、天平、电炉、拍击式均质器、漩涡混合器、10~100 倍显微镜、pH 计或精密 pH 试纸、无菌不锈钢药匙、无菌剪刀、无菌均质袋、1mL 和 10mL 无菌移液管或微量移液器(100~1 000μL) 及无菌吸头、试管、250mL 和 500mL 无菌锥形瓶(预置适当无菌玻璃珠)、500mL 无菌广口瓶、无菌培养皿、1 000mL 量筒、搪瓷缸、无菌牛皮纸袋、塑料袋等。

3. 试剂

(1)马铃薯-葡萄糖琼脂培养基：将马铃薯去皮切块，称取 200g 加入 1 000mL 蒸馏水，煮沸 10~20min，用双层纱布过滤，补加蒸馏水至 1 000mL。再加入 20g 葡萄糖和 15~20g 琼脂，加热溶化后分装，0.1MPa 灭菌 15~20min。如成分中有葡萄糖宜采用 0.07MPa 灭菌 20min。如果用于分离和计数酵母菌和霉菌，则在倾注平板前，用少量乙醇溶解 0.1g 氯霉素加入 1 000mL 培养基中。若用于培养酵母菌和霉菌，则不必加氯霉素。

(2)孟加拉红培养基：将 5g 蛋白胨、10g 葡萄糖、1g 磷酸二氢钾、0.5g $MgSO_4$(无水)、15~20g 琼脂加入蒸馏水中溶解后，再加入 0.033g 孟加拉红(又称虎红，学名四氯四碘荧光素)，分装后，0.07MPa 灭菌 20min，避光保存备用。倾注平板前，用少量乙醇溶解氯霉素，加入培养基中。

(3)其他试剂：无菌稀释液(蒸馏水或生理盐水或磷酸盐缓冲液)，9mL/管，225mL/250mL 锥形瓶，内含适量玻璃珠；75%酒精棉球。

四、实验步骤

实验流程如图 1-9 所示。

1. 样品的处理

(1)固体和半固体样品：按食品中细菌的菌落总数测定方法用无菌稀释液(蒸馏水

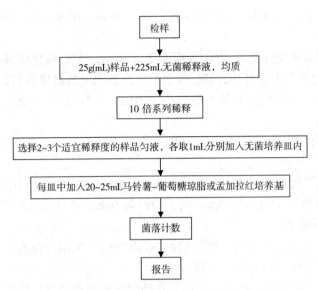

图 1-9　霉菌和酵母菌平板计数法的检验程序

或生理盐水或磷酸盐缓冲液)制备 1:10 的样品匀液。

(2)液体样品:按食品中细菌的菌落总数测定方法用无菌稀释液(蒸馏水或生理盐水或磷酸盐缓冲液)制备 1:10 的样品匀液。

2. 编号

取无菌平皿数套,分别用记号笔标明不同稀释度各 2 套。另取数支 9mL 无菌稀释液试管,依次标明其稀释度。

3. 样品的稀释

按食品中细菌的菌落总数测定方法,用无菌稀释液制备 1:100 的样品匀液。按照上述操作,制备 10 倍系列稀释样品匀液。注意:每递增稀释 1 次,换用 1 支 1 mL 无菌吸管或吸头。根据对样品污染状况的估计,选择 2~3 个适宜稀释度的样品匀液(液体样品可包括原液),在进行 10 倍递增稀释的同时,每个稀释度分别吸取 1mL 样品匀液于 2 个无菌平皿内。同时分别取 1mL 样品稀释液加入 2 个无菌平皿做空白对照。

4. 倾注倒平板

将冷却至 46℃的马铃薯-葡萄糖琼脂或孟加拉红培养基(置于 46℃水浴保温)倾注平皿 20~25mL,并转动平皿使其混合均匀。

5. 培养

待琼脂凝固后,将平板正置于培养箱中,于(28±1)℃培养 5d,观察并记录。

6. 菌落计数

用肉眼观察,必要时用放大镜或低倍镜,记录稀释度和相应的菌落数后,以菌落形成单位(cfu)表示。选取菌落数在 10~150cfu 的平板,根据菌落形态分别计数霉菌和酵母菌 cfu 数量。霉菌蔓延生长覆盖整个平板的可记录为菌落蔓延。

7. 菌落总数的计算方法

(1)若只有一个稀释度平板上的菌落数在 10~150cfu,计算 2 个平板菌落数的平均值,再将平均值乘以相应稀释倍数,作为每克(毫升)样品中菌落总数结果。

（2）若有2个稀释度平板上菌落数均在10~150cfu，则按照食品中细菌的菌落总数测定方法进行计算。

（3）若所有稀释度的平板上菌落数均大于150cfu，则对稀释度最高的平板进行计数，其他平板可记录为多不可计，结果按平均菌落数乘以最高稀释倍数计算。

（4）若所有稀释度的平板上菌落数均小于10cfu，则应按稀释度最低的平均菌落数乘以稀释倍数计算。

（5）若所有稀释度（包括液体样品原液）平板均无菌落生长，则以小于1乘以最低稀释倍数计算。

（6）若所有稀释度的平板菌落数均不在10~150cfu，其中一部分小于10cfu或大于150cfu时，则以最接近10cfu或150cfu的平均菌落数乘以稀释倍数计算。

8. 菌落总数的报告

（1）菌落数按四舍五入修约。菌落数在10以内时，采用一位有效数字报告；菌落数在10~100时，采用两位有效数字报告。

（2）菌落数大于或等于100时，则按照食品中细菌的菌落总数测定方法进行报告。

（3）若空白对照平板上有菌落出现，则此次检测结果无效。

（4）称重取样以cfu/g为单位报告，体积取样以cfu/mL为单位报告，报告或分别报告霉菌和/或酵母菌cfu数。

五、实验结果记录与报告

（1）将测出样品中霉菌和酵母菌的菌落总数以表格方式报告结果。

（2）根据检测结果，判断所测样品的菌落总数是否符合食品卫生要求。

思考题

1. 影响霉菌和酵母菌菌落计数准确性的因素有哪些？哪些步骤容易造成结果的误差？

2. 孟加拉红培养基配方的原理是什么？

第二章　食品包装材料和容器的性能测定

了解包装材料和容器的物理、化学和机械性能是根据被包装食品的防护要求，选择出适宜包装材料和容器的关键。本章选取了生产中常用的塑料和纸类包装材料和容器的常见性能指标的测定方法。通过本章实验内容的学习，使学生在理解包装材料性能测定原理的基础上，掌握包装材料性能测定的方法及其应用。

实验一　纸与纸板定量、厚度和紧度的测定

一、实验目的
了解纸与纸板定量、厚度和紧度测定的意义。掌握测定纸与纸板定量、厚度和紧度的原理和方法。

二、实验原理
定量是指纸或纸板每平方米的质量，以 g/m^2 表示，是纸和纸板重要的指标之一。定量的大小影响纸张的技术性能，主要通过测定试样的面积及其质量，通过公式计算定量。厚度是指纸样在测量板间经受一定压力所测得的纸样两面之间的垂直距离，其结果以 mm 表示。厚度的测定是在规定的静态负荷下，用符合精度要求的厚度测试仪，根据实验要求测定出单张纸页或一叠纸页的厚度，分别以单层厚度或层积厚度来表示。紧度又称表观密度，是指每立方厘米的纸或纸板的质量，是由定量和厚度计算而得，以 g/cm^3 或 kg/m^3 表示。紧度是衡量纸或纸板组织结构紧密程度的指标，对纸张的透气度、吸水性、刚性和强度性能等有重要影响。

三、实验材料与器材
纸样、可调距切纸刀、电子精密天平、游标卡尺、厚度测定仪、恒温恒湿箱。

四、实验步骤

(一)定量的测定

1. 称取试样的质量
将经过在标准温湿度条件下(温度23℃±1℃、相对湿度50%±2%)处理的试样，沿纵向折叠成1层、5层或10层，然后沿横向均匀切取 100mm×100mm 的试样至少4叠，精确度为 0.1mm。用电子精密天平分别称取每叠试样的质量。

2. 计算面积
用游标卡尺分别测量所称量纸条的长边和短边(准确至 0.1mm)，计算面积。

3. 结果计算

试样定量计算如下：

$$G = \frac{m}{A} = \frac{m}{a \times n}$$ （2-1）

式中　G——试样的定量，g/m^2；

　　　m——试样叠的质量，g；

　　　A——试样叠的总面积，m^2；

　　　a——单张试样面积，m^2；

　　　n——每一叠试样的层数。

计算结果取 3 位有效数字。

（二）厚度测定

1. 取样

按照标准规定取样，平均样品的张数应不少于 5 张。将试样在标准温湿度条件下（温度 23℃±1℃、相对湿度 50%±2%）进行处理，并在同样大气条件下进行后续操作。在每张纸样上切取 100mm×100mm 的试样。

2. 测定单层厚度

将 5 张样品沿纵向对折，形成 10 层，再沿横向切取两叠试样，共计 20 片，形状为 200mm×250mm（200mm 的边最好顺着纸的纵向）的长方形或者 100mm×100mm（不小于 60mm×60mm）的正方形。用厚度测定仪分别测定每片试样的厚度值，每片试样测定 1 个点，测定点应离试样任何一端不小于 20mm 或在试样的中间点。

3. 层积厚度

从所抽取的 5 张样品切取 40 片试样，每 10 片一叠均正面朝上层叠成 4 叠试样，用厚度计分别测定 4 叠试样的厚度值，每一叠测定 3 个点，每点距离试样的某一边 40~80mm。

4. 结果计算

计算每片试样的厚度平均值，或计算层积厚度的平均值，再除以层数，得到单层厚度。

（三）紧度的测定

紧度又称表观密度，是指每立方厘米的纸或纸板的质量，是由其定量和厚度计算而得，计算如下：

$$D = \frac{G}{t}$$ （2-2）

式中　D——纸或纸板的紧度，g/cm^3；

　　　G——纸或纸板的定量，g/cm^2；

　　　t——纸或纸板的厚度，mm。

计算结果准确至 0.01g/cm^3。

思考题

1. 什么是纸和纸板的定量、厚度和紧度？
2. 测定纸张的定量、厚度和紧度的意义是什么？

实验二　纸类包装材料透气度的测定

一、实验目的

了解测定纸与纸板透气度的意义；掌握纸类包装材料透气度测定的原理和方法。

二、实验原理

透气度是指在规定的条件下，在单位时间和单位压差下，透过单位面积纸或纸板的平均空气流量，以微米每帕斯卡秒（$\mu m/Pa \cdot s$）表示。$1\mu m/(Pa \cdot s) = 1mL/(m^2 \cdot Pa \cdot s) = 1L/(m^2 \cdot kPa \cdot s)$。纸和纸板的透气度反映了纸张组织的空隙所达到的程度，也是许多技术用纸的重要物理性能之一。

纸类包装材料透气度测定主要是利用压差法，将预先处理好的试样放在上下测量面间，在试样的两侧形成一个恒定的压差。气压在压差的作用下，由高压侧透过试样向低压侧流动，根据流过试样的面积、压差和流量，计算出试样的透气度。目前，国际上测定纸张透气度的标准方法主要有：肖伯尔法（Schopper method）、本特生法（Bendtsen method）、谢尔菲德法（Shffield method）、葛尔莱法（Gurley method）、奥肯法（Oken method）。

三、实验材料与器材

纸样、可调距切纸刀、直尺、量筒、恒温恒湿箱、肖伯尔式透气度测定仪（图2-1）、葛尔莱透气度测定仪。

四、实验步骤

图2-1　肖伯尔式透气度测定仪

（一）肖伯尔法

肖伯尔式透气度测定仪测定纸类包装材料透气度的原理为置试样于压环与空气室间，气室与U型压差计和插入玻璃容器水面下的排气管相通，开启放水阀门和针形阀，使玻璃容器中的水流入量筒，随之在玻璃容器上部形成真空，从而使空气透过试样进入气室，再经排气管进入玻璃容器的真空部分，进入量相当于水的流量，测定单位时间内流出水的体积，即可据此计算透气度。

1. 试样准备

沿纸幅横向切取 60mm×100mm 的试样 10 片，并标明正反面。测定时要 5 张正面朝上，5 张反面朝上。

2. 仪器校对

将仪器调至水平，取一片光滑、坚硬而不透气的塑料薄片或金属薄片夹于夹持器上，将测试区恒定压力差调节至 1.0kPa，然后关闭排水阀。开动计时器开始计时，漏气量每小时应不超过 1.0mL。

3. 试样测定

按照步骤 2 的操作，将一张切好的试样置于肖伯尔式透气度测定仪的压环与空气室间并夹紧，在溢水管口下方放置量筒。开启溢水阀门并转动调节阀门，在 30s 内将压差调节至（1.00±0.01）kPa。待 U 形管压差稳定后锁紧螺钉，并启动秒表，同时用量筒接水，在 1min 内量筒中接收的水量即为试样的透气度（mL/min）。

参照表 2-1 选择好适合的测试持续时间，立刻测量透气试样的气流量。选择不同测定时间时，要以测定结果的读数偏差不超过 2.5% 为标准。

表 2-1 一般紧度纸和纸板透气度测试持续时间的选择

气流量/(μL/s)	测试持续时间/s	测出体积/mL
0.13~0.33	300	40~100
0.33~0.83	120	40~100
0.83~1.67	60	50~100
1.67~5.0	120	200~600
5.0~10.0	60	300~600
10.0~20.0	30	300~600
20.0~40.0	15	300~600

当测定高紧度的纸和纸板时，若透过试样的空气流量小于表 2-1 中最小数值时则恒定压差可增加至（2.0±0.01）kPa，则采用表 2-2 中的相应持续时间测定。

表 2-2 高紧度纸和纸板透气度测试持续时间的选择

气流量/(μL/s)	测试持续时间/s	测出体积/mL
17~33	3 000	50~100
33~67	1 500	50~100
67~167	60	40~100
167 以上	120	40 以上

4. 结果计算

每张试样的透气度计算如下：

$$P_s = \frac{V}{\Delta p \times t} \tag{2-3}$$

式中 P_s——透气度，$\mu m/(Pa \cdot s)$；

V——测定时间内通过试样的空气体积(与量筒中水的体积等效)，mL；

Δp——试样两面的压差(U形管液面的变化来确定)，kPa；

t——测定时间，s。

5. 注意事项

(1)以所有测定值的算术平均值表示结果，精确到3位有效数字。

(2)所规定的压差$\Delta p_1 = (1.00 \pm 0.01)$kPa可选用近似100mm水柱表示；$\Delta p_2 = (2.00 \pm 0.01)$kPa可选用近200mm水柱表示。

(3)试样被侧面上不能有皱褶、裂纹和洞眼等外观纸病。

(二)葛尔莱透气度测定法

葛尔莱透气度测定仪(图2-2)是由一个外圆筒和内圆筒组成。外圆筒内装有一定量的密封用的液体，内圆筒可在外圆筒内自由滑动，由内圆筒本身重量形成的空气压力，施加于夹在夹板之间的试样，从而测定一定体积的空气透过试样所需的时间求得透气度。空气透过试样的阻力越大，透过一定空气量所需的时间就越长，其透气度就越小，反之则透气度越大。具体测试步骤如下：

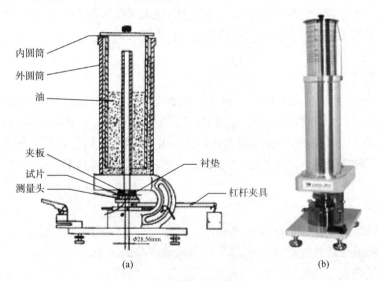

图2-2 葛尔莱透气度测定仪

(a)仪器示意 (b)仪器实物

1. 试样准备

沿纸幅的横向切取50mm×50mm的试样10张，其中5张试样用于测定正面朝上的透气度，其余测定反面朝上的透气度。

2. 仪器校对

首先校对仪器，将仪器调准水平，按外圆筒内表面上油位高度的环状标记在外圆筒灌入密封油至120mm深，以达到内壁上的环形标志为准。升起内圆筒，用手将支架扶起，将内圆筒托住。将平滑的、坚硬致密的、无渗透性的金属或塑料片夹在两孔板之间，检查仪器的密封性，经5h测定，泄露空气应不大于50mL。

3. 测定

按照步骤 2 中校对仪器的操作，将试样置于上、下夹环之间，放下内圆筒，使其浮在油中，靠自身重力自由滑下，当其零刻度线与外圆筒顶部对齐时，开动秒表计时，记录内圆筒由 0mL 降至 100mL 刻度线所需的时间，准确至 0.2s。

对于透气度小的纸和纸板，读数可取第一个 50mL 的间隔。而对于疏松或多孔的纸张，可对较大的空气体积进行计数。如果在零点之前，未能达到内圆筒的平稳移动，可从 50mL 刻度线开始计时。

4. 结果计算

通过空气量恰好为 100mL 的透气度 P_1 和通过空气量不为 100mL 的透气度 P_2 的计算如下：

$$P_1 = \frac{1.27 \times 100}{t} \tag{2-4}$$

$$P_2 = \frac{1.27 \times V}{t} \tag{2-5}$$

式中　P_1——通过空气量恰好为 100mL 的透气度，$\mu m/(Pa \cdot s)$；

　　　P_2——通过空气量不为 100mL 的透气度，$\mu m/(Pa \cdot s)$；

　　　t——通过 100mL 空气量的平均时间，s；

　　　V——通过纸张的空气量，mL。

5. 注意事项

(1) 以上公式均以平均压差为 1.23kPa 和测试面积为 6.42cm² 作为计算基准。

(2) 因为 P 与 t 为非线性关系，故不能用 t 的平均值去计算 P 的平均值。

(3) 如果通过纸页的平均透气阻力 t(s/100mL) 在两个方向上有明显的差别而又需在报告中表示，则应在每个方向各做 10 次实验，并分别报出其结果。

思考题

1. 影响纸张透气性能的因素有哪些？
2. 试分析纸张透气性能过大或过小对内包装产品的影响。
3. 简述纸张透气性能的测试原理。
4. 纸类包装材料正反面的透气度为什么存在差异？

实验三　纸类包装材料撕裂度和耐折度的测定

一、实验目的

加深对纸和纸板撕裂度和耐折度概念及其物理意义的理解；理解纸张内部纤维构成及其方向性对纸和纸板撕裂度和耐折度的影响；掌握测定纸和纸板撕裂度和耐破度的原理和方法。

二、实验原理

纸和纸板的撕裂度是指撕裂纸或纸板至一定长度所需力的平均值，是纸和纸板的一项重要的物理性能指标。撕裂强度通常情况下分为两种：一种是指在规定的条件下，已被切口的纸或纸板试样沿切口撕开一定距离所需的力，称为内撕裂度，单位为 mN；另一种是指撕裂预先没有切口的纸或纸板，从纸或纸板的边缘开始撕裂一定长度所需要的力，称为边撕裂度，单位为 N。一般情况下，在没有特指标明时撕裂度指内撕裂度。纸或纸板的撕裂度除以其定量即为撕裂指数，单位为 $mN \cdot m^2/g$。

纸和纸板的耐折度是指试样在一定张力条件下，经一定角度反复折叠而使其断裂的双折叠次数的对数(以 10 为底)。双折叠是指试样先向后折，然后在同一折印上再向前折，试样往复一个完整来回即为双折叠一次。在标准条件下，试样受到纵向张力的作用，向后及向前 3 折叠，直至试样断裂。耐折度主要取决于纤维本身的强度、纤维的平均长度和纤维间的结合情况。耐折度是一种变相的抗张强度检验。

三、实验材料与器材

纸样、裁纸刀、多摆撕裂度仪、MIT 耐折度测定仪、恒温恒湿箱。

四、实验步骤

(一)纸及纸板撕裂度的测定

1. 材料准备

纸袋纸(低定量双面牛皮纸)、茶叶袋滤纸(或卫生纸)、绘图纸。

2. 试样处理

按标准规定取样，将样品在标准温湿度条件下(温度 23℃±1℃、相对湿度 50%±2%)进行处理，并在同样大气条件下进行后续操作。

3. 切取试样

按样品的纵向和横向分别将试样切成长度为(75±2)mm、宽度为(63±0.5)mm 的长方形，每个方向至少切 5 片试样。要确保所取的试样没有折痕、皱纹或其他明显缺陷。如有水印，应在试验报告中注明。若纸张纵向与试样的短边平行，则为横向试验；反之则为纵向试验。每个方向应至少做 5 次有效试验。

4. 测定

(1)选用合适的摆或重锤，要求测定读数在满刻度值的 20%~80% 范围内。

(2)对仪器进行全面检查后，将摆升至初始位置并用摆的释放机构固定，将试样一半正对着刀，另一半反面对着刀。试样的侧面边缘应整齐，底边应完全与夹子底部相接触，并对正夹紧。一般试样为 4 层叠放。

(3)用刀将试样切一 20mm 的切口(撕裂长度为 43mm)，将刀返回静止位置，使指针与指针停止器相接触，迅速压下摆的释放装置，当摆向回摆时，用手轻轻抓住摆且不妨碍指针位置，记录指针读数。松开夹子去掉已撕的试样，使摆和指针回至初始位置，准备下一次测定。

（4）测试时，纵横向应分别至少进行5次，若试样撕裂时偏斜，撕裂线的末端与刀延长线左右偏斜超过10mm，则所有结果一并加以平均。

（5）如果4层试样结果偏大或偏小时，可适当减少或增加层数，一般为2、4、8、16层。

5. 结果计算

（1）撕裂度

$$F = \frac{S \times P}{n} \tag{2-6}$$

式中　F——撕裂度，mN；

　　　S——在试验方向上的平均刻度读数，mN；

　　　P——换算系数，即刻度的设计层数；

　　　n——同时撕裂的试样层数。

计算结果取3位有效数字。

（2）撕裂指数

$$X = \frac{F}{G} \tag{2-7}$$

式中　X——撕裂指数，mN·m^2/g；

　　　F——撕裂度，mN；

　　　G——试样定量，g/m^2。

计算结果取3位有效数字。

（二）纸类包装材料耐折度的测定——MIT法

1. 试样的处理与切取

分别沿纵横向切取（15±0.1）mm×150mm试样各8条，然后在标准温湿度（温度23℃±1℃、相对湿度50%±2%）下平衡。待平衡后测定其厚度。试样两边应光滑且平行，所取试样不应有褶子、皱纹或污点等纸病，不应用手接触暴露在两夹头间的试样的任何部分。

2. 选择折叠弹簧张力

一般纸张常规测定选用9.81N的弹簧张力，纸板选用9.81N或14.72N的弹簧张力，对于耐折度小的试样也可根据要求采用4.91N弹簧张力。

3. 调整仪器

根据试样厚度选择适当的下夹具即折叠夹头，并在固定的位置上装好；转动下夹头，使上下夹头对正，将试样垂直夹入上下夹头内，并将固定螺丝拧紧。

4. 试样测定

松开控制弹簧张力的制动螺钉。观察弹簧张力指针是否在所需的张力位置上，如有位差再重新调整。将计数器复位到零。启动仪器，开始测试，当试样断裂时，读取计数器数值。取下已折断的试样，进行下一试样的测定。纵横向试样各测至少10条。夹试样时应注意一半试样先向反面折，一半试样先向正面折。测量完成后，将计数器回零。

5. 结果计算

MIT 耐折度仪测定的耐折度是纸和纸板往复 135°的双折叠次数，以往复折叠的双次数或按以 10 为底的双折叠次数对数值表示。

计算结果对数值精确到 2 位小数，双折叠次数精确到整数位。

思考题

1. 简述纸张撕裂度测试的基本原理。
2. 请举例分析纸张撕裂度和耐折性能在纸包装材料使用过程中的作用。

实验四 塑料薄膜气体透过率的测定

一、实验目的

了解塑料薄膜气体透过率和水蒸气透过率的概念及测定原理；掌握塑料薄膜气体透过率和水蒸气透过率的测定方法。

二、实验原理

气体对塑料包装材料的渗透机理是单分子的扩散过程，即气体分子在高压侧的压力作用下首先渗入塑料包装材料内表面，然后气体分子在塑料包装材料中从高浓度区域向低浓度区域进行扩散，最后，在低压侧面向外散发。

目前，测定塑料薄膜气体透过率的方法主要有压差法和等压法。压差法测定塑料薄膜气体透过率原理是在一定的温度和湿度下使试样的两侧保持一定的气体压差，测量试样低压侧气体压力的变化，从而计算出所测试样的透气量和透气系数。而目前应用于透气性测试的等压法主要是传感器法，该方法利用试样将渗透腔隔成两个独立的气流系统，一侧为流动的测试气体(纯氧气或者是含氧的混合气体)，另一侧为流动的干燥氮气，试样两边的压力相等，但是氧气分压不同。在氧气浓度差的作用下，氧气透过薄膜并被氮气流送至传感器中，传感器精确测量出氮气流中携带的氧气量，从而计算出塑料包装材料的氧气透过率。

三、实验材料、器材与试剂

塑料薄膜(PE、PP、LDPE 或者复合薄膜)、硫酸、氯化钠、恒温恒湿箱、气体透过性测定仪。

四、实验步骤

1. 试样准备

将塑料包装材料(如 PE、PP、LDPE 或者复合薄膜)在标准温湿度条件下(温度 23℃±1℃、相对湿度 50%±2%)处理 48h 或按产品标准规定处理。利用设备配置的专用取样器切去直径 85mm 的圆形试样，每组试样至少 3 个，要求切取的试样表面平整、无划痕、无穿孔、无其他附着物、无毛边、无弹性或者非弹性拉伸。如果测试试样是单层膜，则其正面与反面的测试结果一样，测量一面即可，如果测试试样是涂覆膜、复合膜和多层共挤膜等，则正面与反面的透气性测试结果不一样，正面和反面应分别测量。

2. 试样测定

(1)按纸张厚度测量方法测量试样厚度，至少测量 5 点，取算数平均值。

(2)打开气体透过性测定仪主机电源进行预热。

(3)打开计算机运行测试软件，对各个参数进行设置，此处温度的设置为 23 ℃，即状态调节后的试样应在与状态调节前相同的环境或温度下进行测试。

(4)在确定减压阀关闭的情况下，打开气源总阀门。

(5)装夹试样，用柔质材料擦净测试下腔表面的灰尘，以及之前试样留下的真空油脂等。在下腔的多孔纸放置区域之外到测试台密封胶圈之间均匀地涂上一层真空油脂。注意真空油脂用量要适中，将多孔纸放置在测试下腔表面的指定位置内，不能让多孔纸接触到真空油脂。在密封圈之内平整地放上试样，尽可能地让多孔纸和密封胶圈处于同心的位置，不能让试样的边缘和下腔密封胶圈接触或叠加。小心盖好上腔，注意不要移动上腔以免使试样移位，3 个旋转手柄同步旋转压紧上腔，否则可能造成系统的漏气。

(6)调节输出压力阀，将指针停在 0.7MPa。注：此步骤十分重要，需要特别注意，以防止由于压力超过传感器量程而导致传感器的损坏。

(7)开始测试，测试结束后，打印输出实验结果。

思考题

1. 简述测定塑料薄膜气体透过率和水蒸气透过率的基本原理。
2. 试述利用压差法测定塑料薄膜气体透过率的影响因素。

实验五　塑料薄膜水蒸气透过率的测定

一、实验目的

了解塑料薄膜水蒸气透过率的概念及测定原理；掌握塑料薄膜气体透过率和水蒸气透过率的测定方法。

二、实验原理

水蒸气透过率(WVTR)是指在特定条件下，单位时间透过单位面积试样的水蒸气量，单位 $g/(m^2 \cdot 24h)$。目前常用测定塑料薄膜水蒸气透过率的方法主要有电解传感器法和红外检测器法。电解传感器法是将试样装夹到渗透腔内后，试样将渗透腔分成干腔和湿腔(湿度可调)。在干腔中有干燥的载气流通过，从湿腔透过试样的水蒸气由载气携带到电解池内。电解池内有两个螺旋形金属电极，电极安装在玻璃毛细管的内壁上，电极表面涂有一薄层五氧化二磷。载气通过玻璃毛细管时，由载气所携带的水蒸气被五氧化二磷定量地吸收。通过给电极施加一定的直流电压，将水蒸气电解成氢气和氧气。根据电解电流的数值，计算单位时间内透过单位面积试样的水蒸气量。红外检测器法是样品将测试腔隔为两腔。样品一边为低湿腔，另一边为高湿腔，里面充满水蒸气且温度已知。由于存在一定的湿度差，水蒸气从高湿腔通过样品渗透到低湿腔，由载气传送到红外检测器产生一定量的电信号，当测试达到稳定状态后，通过输出的电信号计算出样品水蒸气透过率。

三、实验材料、器材与试剂

塑料薄膜(PE、PP、LDPE 或者复合薄膜)、硫酸、氯化钠、恒温恒湿箱、电解传感器法水蒸气透过率测定仪、红外透温仪。

四、实验步骤

(一) 电解传感器法测定塑料薄膜水蒸气透过率

1. 试样准备

试样应有代表性，厚度均匀，无折痕、褶皱、针孔。试样的面积应大于渗透腔的透过面积，试样应用密封装夹；试样应在温度 23℃±2℃、相对湿度 50%±10% 条件下处理至少 4h。至少测试 3 个试样。按纸张厚度测量方法测量试样厚度，至少测量 5 点，取算数平均值。

2. 试样测定

先将盛有合适浓度的硫酸溶液或蒸馏水或饱和盐溶液等介质的多孔盘放到渗透腔的湿腔中，用来形成恒定的湿度环境。再将试样放置到渗透腔的干、湿腔之间，关闭且密封好渗透腔。然后将换向阀调节到合适的位置，使载气经过干燥管到干腔腔，绕过电解池直接通向大气(这样可以避免在装夹试样的过程中进入干腔的湿气被带入电解池，从而使电解池受潮，使测试结果无效)。向电解池施加一定的直流电压，大约 30min 后，将换向阀调节到测试位置，使载气通过电解池。按一定的时间间隔定时测量电解电流的变化量，当相邻 3 次电流采样值波动幅度不大于 5 ％时，可视为电流已保持恒定，水蒸气渗透达到稳定状态，记录下电流值。

3. 结果计算

水蒸气透过率计算如下：

$$WVTR = 8.067 \times \frac{I}{A} \tag{2-8}$$

式中　$WVTR$——试样的水蒸气透过率，$g/(m^2 \cdot 24h)$；

　　　A——试样的透过面积，m^2；

　　　I——电解电流，A；

　　　8.067——仪器常数，$g/(A \cdot 24h)$。

(二)红外检测器法测定水蒸气透过率

1. 试样准备

同电解传感器法测定塑料薄膜水蒸气透过率。

2. 试样测定

通干燥载气，测定仪器的零点漂移值；将高湿腔的湿度调节到指定值；将参考膜或样品平铺、密闭于测试腔内，注意不要使样品起皱或松弛；通干燥载气，调节载气流量到规定值，载气流量应保持稳定，流量示值偏差应在 5% 以内，开始测定，直至试验稳定时输出的电压值或仪器显示的水蒸气透过率值变化在 5% 以内。如果输出值变化未在5% 以内，应在报告里加以说明。

3. 结果计算

样品的水蒸气透过率计算如下：

$$WVTR = \frac{S \times (E_s - E_0)}{(E_R - E_0)} \times \frac{A_R}{A_s} \tag{2-9}$$

式中 $WVTR$——试样的水蒸气透过率，$g/(m^2 \cdot 24\ h)$；

$\quad\quad S$——参考膜水蒸气透过率，$g/(m^2 \cdot 24\ h)$；

$\quad\quad E_s$——样品测试稳定时电压，V；

$\quad\quad E_0$——零点漂移值电压，V；

$\quad\quad A_R$——参考膜测试面积，m^2；

$\quad\quad A_s$——样品测试面积，m^2。

结果以所测样品的算术平均值表示，结果保留 2 位小数。

思考题

1. 简述测定水蒸气透过率的基本原理。
2. 请举例分析水蒸气透过性能在塑料薄膜包装材料使用过程中的作用。
3. 复合薄膜包装材料水蒸气透过率为什么存在差异？

实验六 塑料薄膜拉伸性能的测定

一、实验目的

了解塑料薄膜拉伸性能检测的意义；掌握测定塑料薄膜拉伸性能的原理和方法。

二、实验原理

沿试样纵向主轴方向恒速拉伸，直到试样断裂或其负荷或伸长达到某一预定值，测量在这一过程中试样承受的负荷及其伸长。

三、实验材料与器材

塑料薄膜样品、拉伸试验机、游标卡尺、直尺。

四、实验步骤

1. 试样准备

裁切 6 条长条形塑料薄膜作为测试试样，宽度为 10~25mm、长度为 150~200mm。用记号笔在每个试样中间平行部分做标线，示明标距。

2. 宽度和厚度的测定

每个试样中部距离标距每端 5mm 以内测量宽度(精确至 ±0.1mm)和厚度(精确至 ±0.02mm)。记录每个试样宽度和厚度的最大值和最小值，要确保其值在相应材料标准的允差范围内。测量 3 点，计算每个试样宽度和厚度的平均值。

3. 夹持试样

夹具夹持试样时，要使试样纵轴与上、下夹具中心线重合，且松紧要适宜。防止试样滑脱或断在夹具内。

4. 实验速度选择

实验速度应根据受试材料和试样类型进行选择，也可按被测材料的产品标准或双方协商决定。对于厚度小于 1mm 的塑料薄膜，其拉伸实验速度为 5、50、100、200、300、500mm/min。

5. 实验机的选择

根据材料强度的高低选用不同预应力的实验机，使示值在满应力值的 10%~90% 范围内，示值误差应在 ±1% 之内，并进行定期校准。记录断裂负荷及标距间伸长。若试样断裂在中间平行部分之外时，此实验作废，应另取试样补做。

五、实验结果计算

1. 试样的拉伸强度

$$\sigma = \frac{F}{A} = \frac{F}{b \times h} \tag{2-10}$$

式中　σ——拉伸强度，MPa；

　　　F——所测的对应负荷，N；

　　　A——试样原始横截面积，mm^2；

　　　b——试样宽度，mm；

　　　h——试样厚度，mm。

2. 试样的应变或断裂伸长率

$$\varepsilon = \frac{\Delta L}{L_0} = \frac{L - L_0}{L_0} \times 100\% \tag{2-11}$$

式中　ε——应变或断裂伸长率，%；

　　　ΔL——试样标记间长度的增量($L-L_0$)，mm；

　　　L——断裂时有效部分标线间的距离，mm；

　　　L_0——试样原始标距，mm。

思考题

1. 测定塑料薄膜拉伸性能的意义是什么？
2. 影响塑料薄膜拉伸性能的因素有哪些？

实验七　塑料薄膜热封性能的测定

一、实验目的

了解塑料薄膜热封性能检测意义；掌握测定塑料薄膜热封性能的原理和方法。

二、实验原理

在一定的温度、压力和时间下对塑料薄膜试样进行热封黏合，再对热封试样进行拉伸实验，直到热封部位破裂时的最大负荷，即为试样的热封强度。

三、实验材料与器材

塑料薄膜样品、热封实验仪、拉伸实验仪、游标卡尺、直尺。

四、实验步骤

1. 设置热封实验机的热封条件

热封条件主要包括热封温度、热封压力、热封时间，然后将准备好的塑料薄膜试样放在热封实验仪上、下夹头之间进行热封黏合(制成三边热封塑料袋)。

2. 取样

分别从制好的塑料包装袋 3 个热封边，与热封部位成垂直方向上任取试样条 10 个，作为测试样品。

3. 试样尺寸要求

宽度(15±0.1)mm，展开长度为(100±1)mm。试样宽度采用游标卡尺测量，长度采用直尺测量。

4. 测定

以热合部位为中心，将试样打开呈 180°，把试样的两端夹在拉伸试验机的两个夹具上，试样轴线应与上下夹具中心线相重合，并要求松紧适宜，以防止实验前试样滑脱或断裂在夹具内。夹具间距离为 50mm，实验速度为(300±20)mm/min，读取试样断裂时的最大载荷。若试样断在夹具内，则此试样作废，另取试样补做。

五、实验结果

实验结果以 10 个试样的算术平均值作为该部位的热合强度，单位以 N/15mm 表示，取 3 位有效数字。

思考题

1. 测定塑料薄膜热封性能的意义是什么？
2. 影响塑料薄膜热封性能的因素有哪些？

实验八　包装容器密封性能的测定

一、实验目的

了解包装容器密封性能检测的意义；掌握测定包装容器密封性能的原理和方法。

二、实验原理

包装容器密封性检测主要有两种方法，对于硬质包装容器如玻璃、金属、塑料容器等的密封性检测主要是通过对真空室抽真空，使浸在水中的试样产生内外压差，观测试样内气体外逸情况，以此判定试样的密封性能。对于软包装容器(如利乐包等)通过对真空室抽真空，使试样产生内外压差，观测试样膨胀及释放真空后试样形状恢复情况，以此判定试样的密封性能。

三、实验材料与器材

测试样品(装有实际内装物或者模拟物)、蒸馏水、密封性测试(检漏)仪(图2-3)。

图2-3　包装容器密封性能测试仪

四、实验步骤

(一)方法 I

(1) 在密封性测试仪的真空室内放入适量的蒸馏水，将试样浸入水中，保证试样的顶端与水面的距离不低于25mm。

(2)盖上真空室的密封盖，关闭排气阀门，再打开真空阀门对真空室抽真空。将其真空度在30～60s调至下列数值之一：20、30、50、90kPa等。到达一定真空度时停止抽真空，并保持该真空度30s。所调节的真空度值应该根据试样的特性(如所用包装材料、密封情况等)或有关产品标准的规定确定，避免因试样的内外压差过大使试样发生破裂或封口处开裂。

(3)观察抽真空时和真空保持期间试样的泄漏情况，视其有无连续的气泡产生。单个孤立气泡不视为试样泄漏。

(4)打开进气管阀门，使真空室与大气相通，打开密封盖，取出试样，将其表面的水擦净，开封检查试样内部是否有实验用水进入。

(5)若试样在抽真空和真空保持期间无连续的气泡产生及开封检查时无水进入，则该试样合格，否则为不合格。

（二）方法 II

（1）在密封性测试仪的真空室内放入适量的蒸馏水，将试样浸入水中，保证试样的顶端与水面的距离不得低于 25mm。

（2）盖上真空室的密封盖，关闭排气阀门，再打开真空阀门对真空室抽真空。将其真空度在 30~60s 调至下列数值之一：20、30、50、90kPa 等。到达一定真空度时停止抽真空，并将该真空度保持下列时间之一：3、5、8、10min 等。所调节的真空度值应该根据试样的特性（如所用包装材料、密封情况等）或有关产品标准的规定确定，避免因试样的内外压差过大使试样发生破裂或封口处开裂。

（3）打开进气管阀门，迅速将真空室内气压恢复至常压，同时观察试样形状是否恢复到原来形状。若试样能恢复到原来形状的，则该试样合格；否则为不合格。

五、实验结果

记录真空室内保持的真空度数值和保持时间，测试时观测到的试样发生的各种现象以及实验评定结果等。

思考题

1. 测定包装容器密封性能的意义是什么？
2. 影响包装容器密封性能的因素有哪些？

第三章　常用食品贮藏保鲜与包装单元操作实验

商品化处理是生鲜食品原料由初级产品转变为商品的基本过程，主要包括挑选、分级、保鲜处理、减菌处理、催熟处理、预冷、包装、贮藏等环节。如果生鲜食品原料产后商品化处理不及时，不仅影响产品的外观，也会导致产品品质快速发生劣变，甚至失去食用价值和商品价值。因此，了解和掌握生鲜食品原料的商品化处理，对减少食品贮运和销售过程中的损失具有重要意义。本章选取了常见的生鲜食品原料商品化处理单元操作的保鲜原理和操作流程。通过本章内容的学习，使学生能够在理解商品化处理的保鲜原理和方法的基础上，能够将这些商品化处理单元操作灵活应用于生鲜食品的保鲜过程中。

实验一　果蔬人工催熟实验

一、实验目的

理解果蔬催熟的原理；掌握果蔬商业化催熟的方法与技巧；认知果蔬催熟过程的观察方法与记录方式。

二、实验原理

催熟是指利用人工方法加速果实成熟或促进其成熟进程一致的技术。有些果蔬在采收时成熟度不一致、有些果蔬为了长期贮藏或远距离运输，需要提早采收。为了保障这些产品在销售时使其色泽、质地、香气、风味及营养达到人们的食用要求，常需要采取人工催熟措施。与自然后熟相比，人工催熟处理使果实后熟进程加快快，所需时间短，产品成熟度一致，可满足果蔬商业化需求。

人工催熟处理是通过一定的措施，促进酶的活性，加速呼吸作用的进程，促使有机物质的转化。适宜的高温、充足的氧气和酶激活剂是果实催熟应具备的基本条件。乙烯、丙烯、乙炔、乙醇、溴乙烷、四氯化碳等化合物对果蔬具有一定的催熟作用。其中，乙烯是一种导致植物成熟和衰老的内源气态激素，在果蔬商品化处理中通常采用气态乙烯熏蒸或乙烯商业化产品"乙烯利"（化学名：2-氯乙基磷酸，微酸性，溶于水或乙醇后释放乙烯气体）催熟。处理过程中，外源乙烯气体能快速进入果蔬体内，促进果蔬细胞内源乙烯生物合成，当内源乙烯浓度达到其生理作用的阈值后，便能引发果蔬的成熟反应。

三、实验材料、器材与试剂

1. 实验材料

青熟香蕉。

2. 实验器材

果筐、保鲜盒、聚乙烯包装袋、香蕉脱梳专用弯刀、烧杯、量筒、移液器、生化培养箱、糖度计、硬度计、电子秤、测色仪。

3. 试剂

乙烯利(40%)。

四、实验步骤

1. 原料选择

购买成熟度为7~8成且呈饱满无棱角的青绿香蕉，选取果形正常、大小均一、无病虫害的鲜果进行分梳处理。随机将脱梳后的单果分为4组，标记为CK、T1、T2、T3，每组20个单果。

2. 乙烯利溶液配制

将40%的乙烯利原液加水稀释，分别配制成有效浓度为0g/L(CK)、0.25g/L(T1)、0.5g/L(T2)、1g/L(T3)的溶液。例如，要配制1g/L的乙烯利溶液10L，其计算方法如下：

$$40\% \times 所需原乙烯利的毫升数 \times 1.258(40\%乙烯利的相对密度) = 1g/L \times 10L$$

则

$$所需乙烯利量 = 10 \div 0.4 \div 1.258 = 19.87mL$$

3. 催熟处理

将香蕉果实浸泡于乙烯利溶液中10s，自然条件下晾干，之后将不同浓度乙烯利处理的香蕉果实分别装入保鲜盒或PE薄膜袋(包装材料上须打孔，避免果实无氧呼吸)，置于生化培养箱(22°C，相对湿度85%~90%)中贮藏6d，期间每两天观察果实转色情况并拍照，定期取样，检测果实的色泽、硬度、可溶性固形物含量、风味、香气等指标，综合评价催熟效果。

4. 贮藏管理

贮藏期间注意保持温度和相对湿度恒定。

五、实验结果记录

将实验结果按照表3-1进行记录。

表3-1 果蔬人工催熟实验结果记录

不同处理	颜色	可溶性固形物含量	硬度	风味	香气
CK					
T1					
T2					
T3					

思考题

1. 简述果蔬人工催熟的基本原理。

2. 如何评价人工催熟的效果？

实验二　果蔬酶促褐变的观察和控制实验

一、实验目的
理解果蔬酶促褐变的原理；初步掌握果蔬保鲜中常用的酶促褐变控制方法。

二、实验原理
酚类物质、多酚氧化酶和氧气是果蔬发生酶促褐变的基本条件。在正常生理状态下，果蔬中的酚类物质与多酚氧化酶分别存在于细胞液泡和质体中，这种区室化分布可避免底物与酶接触。但是，在机械损伤、衰老或逆境环境条件下，果蔬组织中的细胞膜系统受损，细胞区室化被破坏，酶与底物充分接触，在氧或活性氧的参与下发生酶促反应而将底物氧化为醌；醌类物质再通过自身聚合浓缩生成褐色产物，最终引起酶促褐变。

硫处理主要包括熏硫(SO_2)和亚硫酸盐处理，是一种商业中广泛采用的果蔬采后保鲜技术，对荔枝、龙眼、葡萄、草莓等水果的保鲜效果尤为显著。硫处理不仅能够抑制多酚氧化酶活性，同时能提高花色素苷的稳定性并维持产品的色泽。抗氧化剂(如抗坏血酸、异抗坏血酸、半胱氨酸等)也是控制果蔬褐变的常用方法，主要通过清除果蔬细胞内过多的活性氧而避免膜脂过氧化发生，继而有效维持膜完整性及酶与底物的区室化分布，从而有效防止酶促褐变的发生。

三、实验材料、器材与试剂
1. 实验材料
荔枝果实。
2. 实验器材
生化培养箱、手持折光仪、电子秤、色差仪、分光光度计、聚乙烯包装袋、保鲜盒、烧杯、量筒、玻璃棒。
3. 试剂
焦亚硫酸钠(分析纯)、异抗坏血酸(分析纯)等。

四、实验步骤
1. 原料选择
购买达到商业成熟度的荔枝果实，选取果形正常、色泽红艳、大小均一、无病虫害的鲜果进行处理。随机将荔枝分为 5 组，标记为 CK、T1、T2、T3、T4，每组 30 个单果。
2. 溶液配制
(1)焦亚硫酸钠溶液配制：准确称量焦亚硫酸钠 10g 和 20g，分别溶于 2L 蒸馏水，分别配制成 0.5%(T1)和 1%(T2)的溶液。

（2）异抗坏血酸溶液配制：准确称量异抗坏血酸 10g 和 20g，分别溶于 2L 蒸馏水，分别配制成 0.5%（T3）和 1%（T4）的溶液，清水设为对照（CK）。

3. 采后处理

将分组后的荔枝果实分别浸泡于上述溶液中 5min，自然晾干后分别装入保鲜盒或聚乙烯薄膜袋（包装材料上须打孔，避免果实无氧呼吸），置于生化培养箱（25℃，相对湿度 85%~90%）中贮藏 8d，期间每两天测定褐变发生率、褐变指数、色泽、失重率，综合评价不同处理的防褐变效果。

4. 贮藏管理

贮藏期间注意保持温度和相对湿度恒定。

五、实验结果记录

1. 荔枝果实褐变指数的评价

荔枝果实褐变指数的分级评定标准见表 3-2。

表 3-2　荔枝果实的褐变指数评定分级标准

级别	评定标准
1 级	褐变面积≤1/4 果皮面积
2 级	1/4 果皮面积≤褐变面积≤1/2 果皮面积
3 级	1/2 果皮面积≤褐变面积≤3/4 果皮面积
4 级	褐变面积≥3/4 果皮面积
5 级	完全褐变

褐变指数计算如下：

$$褐变指数 = \frac{\sum 该级别褐变数 \times 褐变级数}{总数 \times 最高级别} \times 100 \qquad (3-1)$$

2. 结果记录

将实验结果按照表 3-3 进行记录。

表 3-3　荔枝果实酶促褐变的观察与控制实验结果记录

不同处理	褐变发生率	褐变指数	色泽	失重率
CK				
T1				
T2				
T3				
T4				

思考题

1. 引起果蔬采后酶促褐变的原因有哪些？
2. 防止果蔬采后酶促褐变发生的常见措施有哪些？

实验三　果蔬采后生长调节剂处理实验

一、实验目的

学习并掌握生长调节剂处理保鲜果蔬的机理；熟悉生长调节剂处理保鲜果蔬的一般操作方法。

二、实验原理

植物生长调节剂是指植物生长、发育过程中除光、温、水和一般营养物质外，一类含量甚微，却对植物的生长发育和各种生理活动起到调节和控制作用的生理活性物质。水杨酸是植物中普遍存在的一种内源性小分子酚酸，作为生长调节剂参与了植物生长发育、系统获得抗性、成熟衰老等多种生理过程的调控。大量研究表明，外源水杨酸处理可以显著延缓果实的成熟衰老，减少果实腐烂，有效保持果实采后贮藏期间的品质。

三、实验材料、器材与试剂

1. 实验材料

猕猴桃、桃等新鲜果蔬。

2. 实验器材

天平、电子秤、烧杯、量筒、玻璃棒、低密度聚乙烯保鲜袋、硬度计、手持糖量仪器等。

3. 试剂

水杨酸。

四、实验步骤

1. 样品选择

选择商业成熟度、无机械损伤、病害、果形端正的果蔬用于实验。

2. 水杨酸溶液配制

准确称取 0.07、0.14、0.28、0.56、1.12g 水杨酸，分别溶解于 1L 蒸馏水，制得 0.5、1.0、2.0、4.0、8.0mmol/L 的水杨酸溶液。

3. 样品处理

将供试果实分别在浓度为 0.5、1.0、2.0、4.0、8.0mmol/L 的水杨酸溶液中浸泡 10min，之后取出沥干表面多余溶液，于室温晾干。以蒸馏水处理为对照。每个处理设置 3 个重复，每个重复为 30 个果实。

4. 包装、贮藏

将晾干的果实放入聚乙烯塑料薄膜包装袋中，每袋 30 果实。然后将置于室温下贮藏。贮藏过程中定期取样，测定果实的失重率、腐烂率、硬度和可溶性固形物含量等指标。

五、实验结果记录

将实验结果按照表3-4进行记录。

表3-4　果蔬采后生产调节剂保鲜实验结果记录

不同处理		失重率	腐烂率	硬度	可溶性固形物含量
对照	蒸馏水				
水杨酸浓度/（mmol/L）	0.5				
	1.0				
	2.0				
	4.0				
	8.0				

思考题

简述水杨酸保鲜果蔬的原理。

实验四　果蔬常见贮藏病害的识别和症状观察

一、实验目的

本实验通过观察不同果蔬的侵染性病害和不同处理条件所诱导的生理性病害的症状，掌握初步判断常见果蔬贮藏病害的方法和典型特征；学会分析主要果蔬贮藏的发病原因及控制途径。

二、实验原理

由于受外部环境条件及果蔬自身条件等因素的影响，果蔬在贮藏过程中易发生品质劣变。其中，生理性病害和侵染性病害是导致果蔬品质劣变的主要原因。生理性病害是由于不适宜的环境条件(如温度、湿度、光照、气体成分、机械伤害、化学药物等)引起的果蔬代谢异常、组织衰老以致败坏变质的现象；而侵染性病害是由于各种病原微生物的侵染所造成的果蔬腐烂、伤痕、坏死等品质劣变的现象。本实验主要利用不同的环境条件诱导果蔬产生典型的生理性病害和病理性病害的症状，利用显微镜观察果蔬病害的典型症状，并分析发病原因。

三、实验材料与器材

1. 实验材料

香蕉、梨、黄瓜、马铃薯、猕猴桃、茄子等易发生生理性病害的果蔬；柑橘、青椒、葡萄、草莓、扁豆、桃等易发生侵染性病害的果蔬；意大利青霉、指状青霉、灰霉葡萄孢菌、链格孢菌等病原菌孢子、细菌性软腐病菌等病原菌。

2. 实验器材

小型冷库或人工气候箱、培养箱、超净工作台、高压灭菌锅。

四、实验步骤

(一)果蔬采后典型贮藏病害的提前收集和识别

1. 生理性病害的提前收集和识别

预先收集当地果蔬在贮藏过程中的生理性病害，观察、记录苹果虎皮病、柑橘枯水病、柑橘褐斑病、香蕉和黄瓜低温冷害等生理性病害的症状特点，观察病害部位的组织形态、形状、色泽、大小，了解其致病原因。

2. 侵染性病害的提前收集和识别

选择当地果蔬在贮藏中的侵染性病害，观察、记录苹果、梨炭疽病和轮纹病、葡萄灰霉病、桃软腐病、柑橘青霉病、柑橘绿霉病、大白菜软腐病等侵染性病害的症状特点(病斑部位的组织形态、形状、大小、色泽、有无菌丝、孢子等)。比较苹果、梨炭疽病和轮纹病的症状特点；观察、记录果蔬灰霉病的症状特点；比较柑橘的青、绿霉病症状特点。

(二)果蔬采后病害的诱导和观察

1. 材料选择及预处理

挑选新鲜、无机械伤、无病虫害、果型端正的香蕉、黄瓜、猕猴桃、柑橘、苹果、草莓等新鲜果蔬，用0.2%的次氯酸钠溶液清洗果蔬表面，再用清水冲洗果实表面2次，晾干后备用。

2. 果蔬采后生理性病害的诱导和观察

(1)低温冷害的诱导：将香蕉和葡萄柚置于2~4℃的低温条件下贮藏，对照组置于常温下贮藏。定期观察果实的发病症状，并记录、拍照。

(2)高浓度二氧化碳伤害：将30个草莓果实装入真空复合塑料薄膜包装袋中，向袋内充入30%的CO_2气体，密封放置6h。对照组在4℃下贮藏。定期观察果实的发病情况，并记录、拍照。

3. 果蔬采后病理性病害的诱导和观察

(1)柑橘青、绿霉病的诱导：用接种针在柑橘果实的腰部造伤3个伤口，分别用接种针将40μL浓度为$1×10^6$个/mL的孢子菌悬液接种在伤口处，每处理接种10个柑橘果实，以接种无菌水为对照，然后将柑橘果实装入聚乙烯塑料薄膜袋中，置于26℃条件下贮藏，以接种无菌水为对照。定期观察果实的发病情况，并记录、拍照。

(2)青椒软腐病的诱导：将辣椒的果梗剪成半梗，用接种针在辣椒果实两端造伤，分别在伤口处接种20μL浓度为$1×10^6$cfu/mL辣椒软腐病菌(*Erwinia carotovora*)，每处理接种10个辣椒果实，以接种无菌水为对照。然后将辣椒装入聚乙烯塑料薄膜袋中，松口包扎，于26℃条件下贮藏，定期观察辣椒果实的发病症状，并记录、拍照。

五、实验结果记录

1. 果蔬采后病害的观察与症状描述

按照表 3-5 观察果蔬采后典型的生理性病害和侵染性病害的症状特点和发病原因。

表 3-5　果蔬采后病害的观察表

编号	果蔬名称	病害名称	症状描述	病因分析	预防措施

2. 果蔬采后病害的诱导和观察

经诱导后果蔬的生理性病害和侵染性病害的发病情况，按照表 3-6 进行记录。

表 3-6　果实采后病情统计表

处理	好果/%	病果/%	病情指数 0	1	2	3	4	风味与外观
常温贮藏								
低温贮藏								
CO_2气体处理								

注：病情指数 0~4 级划分：0 级为好果，1 级为轻微，2 级为中等，3 级为严重，4 级为全部腐。

$$病情指数=\frac{\sum（级数×该级病果数）}{调查总果数×最高级值}×100 \tag{3-2}$$

思考题

1. 简述采后果蔬冷害发生的原因及典型症状。
2. 比较柑橘采后青、绿霉病的发病症状。

实验五　果蔬采后杀菌剂处理实验

一、实验目的

了解果蔬采后常见杀菌剂处理的原理；掌握果蔬常见杀菌剂处理的方法。

二、实验原理

杀菌剂处理是减少果蔬采后腐烂、保证果蔬食品品质和商品价值的有效措施之一，也是果蔬采后处理的一个重要环节。目前果蔬采后保鲜处理的杀菌剂种类繁多，使用时要根据果蔬的种类和品种、用途、贮藏条件等因素合理选择。

二氧化氯是一种强氧化剂，在杀菌过程不产生有害物质，无气味残留。二氧化氯消毒剂是国际上公认的高效消毒杀菌剂，属于 A1 级安全消毒剂。它可以杀灭细菌繁殖体、细菌芽孢、真菌、分枝杆菌和病毒等多种病原微生物。二氧化氯对微生物细胞壁有较强的吸附穿透能力，可有效地氧化细胞内含巯基的酶，还可以快速地抑制微生物蛋白质的合成来破坏微生物。此外，二氧化氯可以有效阻止果蔬贮藏过程中乙烯的合成，延缓果蔬衰老，对果蔬表现出良好的保鲜效果。

咪鲜胺，化学名称为 N-丙基-N-[2-(2,4,6-三氯苯氧基)乙基]咪唑-1-甲酰胺，是一种高效、广谱、低毒的果蔬杀菌剂。咪鲜胺主要是通过抑制病原微生物的甾醇合成，破坏细胞膜的结构和功能，进而杀灭病原微生物。咪鲜胺对由子囊菌亚门和半知菌亚门的病原真菌引起的果蔬采后病害防治效果明显，广泛应用于柑橘、香蕉、芒果、荔枝、番木瓜、蘑菇等果蔬采后病害的防治。

三、实验材料、器材与试剂

1. 实验材料
苹果、柑橘、猕猴桃、葡萄、青椒、番茄等。

2. 实验器材
天平、电子秤、玻璃棒、烧杯、量筒、低密度聚乙烯保鲜袋、培养皿、高压灭菌锅、超净工作台、培养箱、恒温水浴锅、微波炉、吸管硬度计、手持糖量仪等。

3. 试剂
二氧化氯、吐温-20、450g/L 的咪鲜胺乳油、牛肉膏、蛋白胨、琼脂粉、氢氧化钠、酒精、无菌水等。

四、实验步骤

1. 样品选择
选择商业成熟度、大小均一、无机械损伤、无病虫害、果形端正的果蔬用于实验。

2. 溶液配制
(1)二氧化氯溶液：准确称取 0、200、400、600、800mg 的二氧化氯粉剂，分别移入 10L 蒸馏水中，同时于每个处理中各加入 0.02% 的吐温-20 一滴，用玻璃棒搅匀、充分溶解，备用。

(2)咪鲜胺溶液：分别量取 450g/L 的咪鲜胺乳油 0、1.1、2.2、3.3、4.4mL，加入 10、8.9、7.8、6.7、5.6L 的蒸馏水，摇匀，得到浓度分别为 0、50、100、150、200mg/L 的咪鲜胺溶液，避光保存，备用。

3. 样品处理
将供试果蔬分别在浓度为 0.0、20.0、40.0、60.0、80.0mg/L 的二氧化氯溶液中浸泡 10min 或在浓度分别为 0、50、100、150、200mg/L 的咪鲜胺溶液中浸泡 3min，之后取出于室温下晾干，备用。

4. 包装、贮藏
将晾干的果蔬分组，用聚乙烯保鲜袋定量包装，每袋装 5.0kg。置于常温下贮藏。贮藏过程中，定期取样，测定果蔬的菌落总数、腐烂率、失重率、硬度和可溶性固形物含量等指标。

五、实验结果记录
将实验结果按照表3-7进行记录。

表3-7 果蔬采后杀菌剂处理实验的结果记录

贮藏天数/d	测定指标	二氧化氯浓度/（mg/L）					咪鲜胺浓度/（g/L）				
		0	20	40	60	80	0	50	100	150	200
0	菌落总数/%										
	失重率/%										
	果实腐烂率/%										
	硬度/（kg/cm^2）										
	可溶性固形物含量/%										
7	菌落总数/%										
	失重率/%										
	果实腐烂率/%										
	硬度/（kg/cm^2）										
	可溶性固形物含量/%										

思考题
1. 简述二氧化氯和咪鲜胺的杀菌机理和作用特点。
2. 评价杀菌剂对果蔬病害控制效果的常用指标。

实验六　食品涂膜保鲜实验

一、实验目的
学习并掌握果蔬涂膜保鲜的原理，熟悉涂膜保鲜的一般操作方法。

二、实验原理
涂膜保鲜是利用涂膜剂在果蔬表面形成一层极薄的高分子膜包裹，从而抑制果蔬的气体交换和代谢过程，降低果蔬呼吸强度，减少组织失水，阻止空气的氧化作用，保护果蔬免受外来微生物的侵害。在果蔬的涂膜保鲜中，要求涂膜剂性质稳定、无毒、无明显异味，在食用前容易被去除，同时有良好的附着力和一定的机械强度。壳聚糖，又名脱乙酰甲壳素，是乙酰氨基葡萄糖以1-4糖苷键连接而成的直链多糖，具有良好的成膜性、安全性、生物降解性和抗菌活性，在果蔬采后保鲜中应用广泛。

三、实验材料、器材与试剂
1. 实验材料
橘子、枣、青椒等。

2. 实验器材

天平、电子秤、恒温磁力搅拌器、烧杯、量筒、玻璃棒、低密度聚乙烯保鲜袋、硬度计、手持糖量仪等。

3. 试剂

乙酸酸、壳聚糖(脱乙酰度95%)。

四、实验步骤

1. 样品选择

选择商业成熟度、无机械损伤、病害、果形端正的果蔬用于实验。

2. 壳聚糖溶液配制

准确称取5.0、10.0、15.0g壳聚糖,分别移入1L 1%乙酸溶液,置于恒温磁力搅拌器上混匀、溶解,冷却后备用。

3. 样品涂膜处理

将供试果蔬分别在浓度为0.5%、1.0%和1.5%的壳聚糖溶液中浸泡3min,之后取出沥去表面多余壳聚糖溶液,于室温将壳聚糖涂膜液晾干;或用4层纱布充分吸收壳聚糖溶液,均匀涂抹于果蔬表面,后置于室温下将壳聚糖涂膜液晾干。以蒸馏水处理果蔬为对照。

4. 包装、贮藏

将涂膜处理完毕的果蔬分组,用聚乙烯保鲜袋定量包装,每袋装5.0kg。之后置于常温下贮藏。贮藏过程中,定期取样,测定失重率、腐烂率、硬度和可溶性固形物含量等指标。

五、实验结果记录

将实验结果按照表3-8进行记录。

表3-8　食品涂膜保鲜实验的结果记录

涂膜处理		测定项目			
		失重率	腐烂率	硬度	可溶性固形物含量
对照	蒸馏水				
壳聚糖浓度/%	0.5				
	1.0				
	1.5				

思考题

1. 简述涂膜保鲜的机理和特点。
2. 简述涂膜保鲜对果蔬贮藏品质的影响。

实验七　食品冰温保鲜实验

一、实验目的

通过本实验理解冰温保鲜的概念和制冷原理，了解冰温库的结构以及温、湿度精准控制系统；掌握冰温保鲜对食品品质的影响。

二、实验原理

冰温是指从0℃开始到生物体冻结温度为止的温度范围。冰温贮藏指的是将食品的温度降低至0℃以下食品的冻结点以上进行贮藏，属于非冻结保藏，在这一温度范围内保存食品，可以有效降低食品组织内部的新陈代谢，能最大限度地保持其新鲜度和品质，延长食品冷藏期。冰温贮藏不破坏食品细胞，能够有效抑制病原微生物的活动和果蔬原料的呼吸作用，延长保鲜期，同时还可以在一定程度上提高果蔬的品质。因此，近年来冰温贮藏技术在果蔬、水产品、肉类等生鲜食品原料的贮藏保鲜过程中发挥着重要作用。但由于冰温贮藏的温度接近于冰点，冰温贮藏可利用的温度范围狭小，一般为-2.0~-0.5℃，温度稍微失控，组织就开始结冰。因此，冰温贮藏的关键是精确控制冰温库的温度和缩小冰温库内的温度波动范围。

三、实验材料与器材

1. 实验材料

草莓、杨梅、水产品等，塑料托盘、保鲜膜、保鲜袋。

2. 实验器材

天平、冰温库、普通冷库、色差计、硬度计。

四、实验步骤

1. 冰点确定

对实验材料的冰点进行测定或根据文献资料确定所用实验材料的冰点温度。

2. 贮藏前冰温驯化过程

将实验材料由10℃开始逐渐降温至冰温贮藏温度，冰温贮藏温度比冰点温度高1℃为安全温度。

3. 冰温贮藏

根据冰点温度设定冰温库的参数，把实验材料放入冰温库进行贮藏，冰温贮藏温度为：样品冰点温度到0℃，湿度85%；对照组样品放入普通冷库，设定温度与冰温库相同或稍高于冰温库，以不引起低温伤害为前提。

4. 取样及品质指标测定

定期取样，测定实验材料的品质指标，果蔬原料的品质指标主要有色泽、可溶性固形物含量、失重、硬度和腐烂率；水产类原料的品质指标主要有：色泽、细菌总数、pH值、挥发性盐基氮、三甲胺等。

五、实验结果记录

将实验结果按照表 3-9 进行记录。

表 3-9　食品冰温保鲜实验的结果记录

评价指标		普通冷库贮藏		冰温冷库贮藏	
		贮藏前	贮藏后	贮藏前	贮藏后
果蔬类原料	色泽(L^*, a^*, b^*)				
	可溶性固形物含量/%				
	失重/%				
	硬度/(kg/cm^2)				
	腐烂率/%				
水产类原料	色泽(L^*, a^*, b^*)				
	细菌总数/(cfu/g)				
	pH 值				
	挥发性盐基氮/(mg/100g)				
	三甲胺/(mg/kg)				

思考题

1. 简述食品冰温保鲜的原理及其特点。
2. 简述冰温贮藏过程及注意事项。

实验八　食品真空包装实验

一、实验目的

通过本实验理解真空包装的主要作用及其对包装材料性能的要求。

二、实验原理

食品真空包装是把被包装食品装入气密性包装容器，在密闭之前抽真空，使密闭后的容器内达到预定真空度的一种包装方法。常用的容器有金属罐、玻璃瓶、塑料及其复合薄膜等软包装容器。生产上常用的双室式真空包装机由真空系统、充气系统、电器控制系统、气动控制系统组成。食品的真空包装技术通过减少包装内氧气含量，不仅可以抑制食品中好氧微生物的生长和繁殖，同时可以防止食品的氧化变质，保持其色、香、味及营养价值。

三、实验材料、器材与试剂

1. 实验材料、试剂

新鲜莲藕、菠萝、市售新鲜猪后腿肉、市售新鲜禽肉、0.05% 的次氯酸钠溶液、常见复合塑料薄膜包装袋、平板计数琼脂培养基。

2. 实验器材

天平、色度计、pH 计、微量定氮仪、真空包装机。

四、实验步骤

1. 塑料包装袋的准备

准备厚度、大小一致的 PE 塑料袋、PA/PE 塑料袋、PET/AL/PE 塑料袋各 12 个。

2. 原料处理

(1)莲藕、菠萝等果蔬原料:样品进行清洗、去皮,切块,然后将样品用 300g/L 的二氧化氯溶液清洗消毒 1min,然后用 1% 的柠檬酸溶液护色处理 5min。取出后沥干水分。

(2)新鲜肉类:将新鲜肉样品用流动水清洗,然后用无菌刀和洁净案板将样品分割成块状,每块 100g。

3. 真空包装

将处理好的样品分别装入 PA/PE 复合塑料包装袋中,用干净的纱布擦净包装袋口边缘,进行抽真空和热压封口包装,分别使袋内真空度达到 -0.02、-0.04、-0.06、-0.08MPa,以不抽真空直接热封包装为对照。

4. 取样及指标测定

将包装好的样品置于 4℃下贮藏,定期取样,观察样品的外观品质,并测定相应指标,莲藕、菠萝切块的测定指标包括色泽、质量、可溶性固形物含量、胀袋率、细菌总数;生鲜肉的测定指标包括色泽、pH 值、挥发性盐基氮、胀袋率、细菌总数。

五、实验结果记录

将实验结果按照表 3-10 进行记录。

表 3-10　食品真空包装实验结果记录

	评价指标	0MPa		-0.04MPa		-0.08MPa	
		包装前	包装后	包装前	包装后	包装前	包装后
果蔬切块	色泽(L^*, a^*, b^*)						
	质量/g						
	可溶性固形物含量/%						
	胀袋率/%						
	细菌总数/(cfu/g)						
生鲜肉类	色泽(L^*, a^*, b^*)						
	pH 值						
	挥发性盐基氮/(mg/100g)						
	胀袋率/%						
	细菌总数/(cfu/g)						

思考题

1. 简述真空包装保鲜食品的原理。
2. 常用的真空包装材料有哪些?

实验九　食品脱氧包装实验

一、实验目的

通过本实验了解食品脱氧包装的原理及其对包装材料性能的要求;掌握脱氧包装对食品品质的影响及操作方法。

二、实验原理

脱氧包装是在密封的包装容器中,使用能与氧气起化学作用的脱氧剂与之反应,从而除去包装容器中的氧气,以达到保护内装物的目的,是继真空包装和充气包装之后出现的一种新型除氧包装方法。脱氧包装可以有效防止包装环境中食品原料的氧化变质,抑制好氧微生物的生长,较好地保持产品的品质。目前生产上常用的脱氧剂主要有铁系脱氧剂,亚硫酸盐系脱氧剂,葡萄糖氧化酶,铂、钯、铑等加氢催化剂。其中以原料易得、成本低、除氧效果好、安全性高的铁系脱氧剂的应用最广泛。在标准状况下,1g 铁可与 0.43g(300mL)游离氧发生反应,即 1g 铁可以脱除大约 1 500mL 空气中的氧,可根据所需要脱除氧气空间大小按比例放入相应量的脱氧剂。脱氧反应速度随温度不同而改变,铁系脱氧剂的通常使用温度为 5~40℃;铁系脱氧剂发生反应时需要有水存在,因此多适用于含水较高的食品脱氧。

三、实验材料与器材

1. 实验材料

市售新鲜海绵蛋糕、PET/PE 包装袋、铁系脱氧剂。

2. 实验器材

天平、色差计、热封口机或真空包装机。

四、实验步骤

1. 包装材料的准备

准备厚度、大小一致的 PET/PE 包装袋 20 个,并测定塑料包装袋的体积。

2. 脱氧剂的用量计算和准备

根据塑料薄膜包装袋的体积和市售铁系脱氧剂的脱氧能力,计算放入包装袋内的脱氧剂的量,并准备好脱氧剂备用。

3. 脱氧包装

将称量好的 50g 蛋糕与市售脱氧剂放入塑料包装袋中,采用热封包装机封口,以不加脱氧剂的为对照。每个处理设置 10 个重复,然后将样品置于 25℃下贮藏。并定期取样进行品质评价。

4. 脱氧剂使用注意事项

(1)脱氧剂多采用真空包装，打开包装后尽快使用，封入食品包装中；剩余的脱氧剂应再采用真空密封保存，避免长时间在空气中存放失效。

(2)脱氧剂的使用温度在5~40℃为宜，低于-5℃时作用效果下降。

(3)脱氧剂的包装材料应无毒、不污染食品，外包装应具有良好的阻隔性。

五、实验结果记录

按照表3-11进行实验结果的记录。蛋糕感官评价标准见表3-12，细菌总数检测参照第一章的实验方法进行。

表3-11 蛋糕脱氧包装实验结果记录

评价指标		对照		脱氧包装	
		包装前	包装后	包装前	包装后
感官评价	气味和风味				
	色泽				
	组织结构				
细菌总数/(cfu/g)					

表3-12 蛋糕感官评价评分标准

得分	气味和风味(5分)	色泽(5分)	组织结构(5分)
5.0	蛋糕香味纯正、香甜、具有蛋糕特有的蛋香味、无霉点	表面油润，有光泽顶部和底部呈金黄色，内部呈乳黄色	松软而有弹性，无硬块
4.0	有蛋糕香味	呈金黄色，但光泽较差	松软、弹性较好
3.0	蛋糕香味较淡，有轻微霉点	呈蛋黄色，缺乏光泽	弹性较差
2.0	略有蛋糕香味，有少量霉斑	颜色稍泛白	弹性较差、发黏
1.0	无蛋糕香味，有明显异味，有大量霉斑	颜色泛白	有硬块，弹性差

思考题

1. 简述食品脱氧包装保鲜食品的原理。
2. 简述常见脱氧剂的类型及其脱氧原理。

实验十 食品气调包装实验

一、实验目的

通过本实验了解食品气调保鲜包装的基本原理、常见的气调包装设计及应用。

二、实验原理

食品气调包装是用适合食品保鲜的保护性气体置换包装容器内的空气，以抑制腐败微生物繁殖和新鲜果蔬的新陈代谢活动，从而延长食品的货架期或保鲜期。在气调包装中，CO_2、O_2、N_2 是最常用的保护性气体。CO_2 具有抑制细菌生长繁殖的作用；O_2 具有抑制厌氧菌的生长、与肌肉中的肌红蛋白结合使肉呈鲜红色、维持新鲜果蔬的需氧呼吸等作用；N_2 的性质稳定，对塑料包装材料的透过率低，常作为混合气体中的充填气体。气调包装技术较好地保持了食品原有的口感、色泽、形状及营养，同时可达到较长的保鲜期，被广泛应用于肉、禽、鱼以及果蔬等新鲜食品、熟肉制品、面包糕点等焙烤食品等的包装。

三、实验材料、器材与试剂

1. 实验材料、试剂

生菜、苹果、活的草鱼、气调包装盒、PP/PE 复合塑料包装薄膜、0.05% 的次氯酸钠溶液、二氧化氯、柠檬酸。

2. 实验器材

盒式气调包装机、高压 N_2 气瓶、高压 CO_2 气瓶、高压 O_2 气瓶、天平、色度计、冷藏箱等。

四、实验步骤

1. 样品选择及处理

(1) 苹果：样品用 3~10mg/L 的二氧化氯溶液清洗消毒 2min 后，用洁净刀具或去皮工具迅速去皮、去核、切块，并用 1% 的柠檬酸溶液护色处理 5min，取出沥干后备用。

(2) 生菜：用流动水清洗样品，在洁净案板上用无菌刀对样品切分成适宜大小；用 30mg/L 的次氯酸钠溶液清洗消毒 1min，然后用 1% 的柠檬酸溶液护色处理 5min。取出后沥干水分。

(3) 活的草鱼：样品在洁净案板上用无菌刀对样品进行去鳞、去头、去尾、去内脏的处理后，用冰水清洗后切成适宜大小的鱼块。

2. 气调包装

将处理好的样品快速装入气调包装盒中，每盒装入 100g 样品，为 1 个处理，每个处理设置 3 个重复，按照表 3-13 的气体配比进行气调包装。用专用气体混配气进行气体混合，用盒式气调包装机对样品进行充气包装。对照组样品充入 100% 的空气。

表 3-13　气调包装中 $O_2/CO_2/N_2$ 配比（以体积比表示）

	对照组	处理组 1	处理组 2	处理组 3
苹果片	正常空气	2%/5%/93%	5%/10%/85%	10%/5%/85%
生菜	正常空气	3%/5%/92%	5%/5%/90%	5%/15%/80%
草鱼块	正常空气	25%/10%/65%	50%/10%/40%	75%/10%/15%

3. 贮藏、取样

将包装好的样品置于4℃冷藏箱中贮藏，定期取样，观察样品的外观品质变化，并测定相应指标，其中苹果切块测定指标包括色泽、质量、胀袋率、细菌总数；生菜的测定指标包括色泽、质量、腐烂率、细菌总数；生鲜鱼类的测定指标包括色泽、pH 值、三甲胺、细菌总数。

五、实验结果记录

按照表 3-14 进行实验结果的记录。

表 3-14　食品气调包装实验结果记录

	评价指标	对照组		处理组 1		处理组 2		处理组 3	
		包装前	包装后	包装前	包装后	包装前	包装后	包装前	包装后
苹果片	色泽(L^*, a^*, b^*)								
	质量/kg								
	胀袋率/%								
	细菌总数/(cfu/g)								
生菜	色泽(L^*, a^*, b^*)								
	质量/kg								
	腐烂率/%								
	细菌总数/(cfu/g)								
草鱼块	色泽(L^*, a^*, b^*)								
	pH 值								
	三甲胺/(mg/kg)								
	细菌总数/(cfu/g)								

思考题

1. 简述食品气调包装保鲜食品的原理。
2. 气调保鲜包装经常调节气体的种类及其作用是什么？

第四章　食品贮运保鲜与包装综合设计实验

设计性实验是在教师的指导下，根据给定的实验目的和实验条件，由学生搜集资料、自行设计实验方案，选择实验材料和器材，并对实验结果进行综合分析与总结。本章列举了不同食品原料的贮藏保鲜与包装工艺的研究方法。在研究食品原料在贮藏过程中品质变化规律的基础上，评价防腐保鲜处理、贮藏条件和包装技术对生鲜食品贮藏效果的影响，并进一步优化采后处理工艺参数、贮藏环境控制参数和包装工艺参数等，确定最佳的贮藏保鲜与包装工艺。最后以撰写学术论文的形式对实验进行总结分析。通过本章内容的学习，使学生能够综合所学知识，设计不同生鲜食品的保鲜与包装的实验方案，学会正确处理数据和整理实验结果，提高学生动手能力和分析总结能力。

实验一　水果的贮藏保鲜与包装

水果是人类重要的营养源，含有丰富的碳水化合物、有机酸、维生素及无机盐。但新鲜水果在采收后仍然是生命有机体。多数水果含水量高、组织娇嫩，采后仍然保持较高的呼吸作用和蒸腾作用等代谢活动，易造成水果组织内的营养物质的消耗和水分的散失，最终导致果实的品质劣变。其中，呼吸作用是影响采后水果品质的关键因素。根据呼吸变化曲线可将果实分为呼吸跃变型和非呼吸跃变型两种，这两类水果的采后贮藏特性有显著的差异。病原微生物侵染是引起水果采后品质劣变的另一主要原因，其中霉菌和酵母菌是导致其腐败的主要致病菌。

目前，生产上主要通过采用适宜的采后处理技术、包装技术和贮藏技术来调控采后自身的生命代谢活动和病原微生物的生长，有效保持水果品质，达到延长市场供应期的效果。

实例 1　葡萄的贮藏保鲜与包装

一、实验目的

葡萄是我国六大水果之一，其果肉晶莹剔透、营养丰富，是深受消费者喜爱的一种果品。但葡萄柔软多汁，含水分高，采后易发生果梗失水、褐变、脱粒及变软等品质劣变现象。葡萄采后贮藏保鲜是延长葡萄供应期的有效途径。通过本实验的学习，使学生了解葡萄的贮藏特性、采后处理方法和贮藏条件，初步掌握设计适合葡萄贮藏保鲜的方案。

二、实验原理

葡萄果实属于非跃变型果实，在成熟过程中没有明显的淀粉类物质积累过程。采收以后，葡萄果实的含糖量只消耗、不增加，果实风味趋于变淡，并且在葡萄采后贮藏过程中易遭受病原真菌(如灰葡萄孢菌)的侵染而腐烂变质。针对葡萄采后贮藏过程中易出现的品质劣变现象，生产中主要采取杀菌剂处理，结合低温、高湿的贮藏条件控制等措施，有效抑制果实的呼吸作用和采后病害，达到长期贮藏葡萄的目的。

三、实验材料、器材与试剂

1. 实验材料

适时采收的葡萄果实。

2. 实验器材

测糖仪、pH 计、便携式呼吸测定仪、电子分析天平、电子秤、人工气候箱等。

3. 试剂

二氧化硫控释片、壳聚糖。

四、实验内容

(1)研究二氧化硫处理对葡萄果实采后贮藏品质的影响。

(2)研究壳聚糖涂膜处理对葡萄采后贮藏品质的影响。

(3)研究贮藏温度对葡萄采后贮藏品质的影响。

(4)葡萄采后贮藏保鲜的工艺条件的优化。

五、实验实施

1. 原料的选择

葡萄采收后及时运回实验室，选择果实整齐、成熟度一致、发育良好、果粒中等大小、无机械伤害的果实。

2. 葡萄果实贮藏特性测定与分析

将葡萄果实装入聚乙烯塑料袋中，每袋 3kg 果实，共 3 袋，置于温度 25℃、相对湿度为 85%~90% 的人工气候箱中贮藏，定期取样，测定果实腐烂率、失重、脱粒率、呼吸强度、可溶性固形物含量、pH 值等，分析葡萄贮藏品质的变化规律。

3. 适宜二氧化硫熏蒸条件的筛选

分别将 0、2、4、8、16 袋含二氧化硫控释保鲜片($Na_2S_2O_5$)的保鲜包放入装有 3kg 葡萄的聚乙烯塑料保鲜袋中，置于温度 25℃、相对湿度为 85%~90% 的人工气候箱中贮藏。每个处理设置 3 个重复。定期取样，测定果实腐烂率、失重、脱粒率、呼吸强度、可溶性固形物含量、pH 值等，根据实验结果确定最适的二氧化硫控释片的使用剂量。

4. 适宜的壳聚糖涂膜处理浓度的筛选

将壳聚糖制备成不同浓度(0、0.5%、1.0%、2.0% 和 4.0%)的壳聚糖溶液，将葡萄在壳聚糖溶液中浸泡 1~3min，取出，自然晾干成膜，再放入聚乙烯保鲜袋中。对照组葡萄果实不经任何处理，直接装袋。将处理组和对照组一起放入温度 25℃、相对湿度为 85%~90% 的人工气候箱中贮藏。每个处理设置 3 个重复，每个重复 3kg 果实。定期取样，测定果实腐烂率、失重、脱粒率、呼吸强度、可溶性固形物含量、pH 值等，根据实验结果确定最适的壳聚糖涂膜浓度范围。

5. 适宜贮藏温度的筛选

将装入聚乙烯塑料薄膜袋内的葡萄分别放置于 0、5、10、15、25℃的温度条件下进行贮藏，每个处理设置 3 个重复，每个重复 3kg 果实。定期取样，测定果实腐烂率、失重、脱粒率、呼吸强度、可溶性固形物含量、pH 值等，根据实验结果确定葡萄最适的贮藏温度范围。

6. 葡萄贮藏保鲜工艺优化

根据 2、3、4 步骤中筛选的单因素最适范围，根据设计 3 因素 3 水平的正交实验的设计原则，分成 9 组实验。按照实验设计，将葡萄在壳聚糖溶液中浸泡 2~3min，取出后自然晾干成膜，放入塑料薄膜包装袋中，向塑料包装袋中放入适量的含有二氧化硫控释保鲜片的保鲜包。置于特定温度下贮藏。定期取样，测定果实腐烂率、失重、脱粒率、呼吸强度、可溶性固形物含量、pH 值等。根据实验结果，获得葡萄贮藏保鲜的最佳工艺参数，并进行验证实验。

六、实验总结

实验总结以科技论文的格式进行撰写，要求每位同学提交独立撰写的实验报告，实验报告字数不少于 3 000 字。

实例 2 猕猴桃的贮藏保鲜与包装

一、实验目的

猕猴桃果实营养丰富，风味独特，含有多种维生素、矿质元素、氨基酸等营养成分，尤其以维生素 C 含量最为丰富。由于猕猴桃属于浆果，皮薄汁多，采收于高温季节，在采后贮藏过程中容易出现失水萎蔫，果肉软化、异味和霉烂等现象。通过本实验的学习，使学生了解猕猴桃果实的贮藏特性，掌握适合猕猴桃的采后防腐、保鲜方法和贮藏条件，初步掌握适合猕猴桃的贮藏保鲜与包装方案的设计方法。

二、实验原理

猕猴桃属于呼吸跃变型果实，在未成熟果实中几乎不产生乙烯，但随着果实成熟，乙烯生成量不断增加，直至乙烯跃变峰的出现。猕猴桃果实对乙烯非常敏感，极少量的乙烯即可促进果实呼吸强度的增加，进而导致软化衰老。由葡萄座腔菌或拟茎点霉菌侵染引起的果实软腐病是猕猴桃果实采后品质劣变的又一重要原因。目前，生产上主要通过采后处理、低温贮藏、气调贮藏与包装等方式维持猕猴桃果实的采后品质。本实验通过乙烯作用抑制剂 1-MCP 处理、气调包装处理，结合低温贮藏抑制果实采后软化和病原真菌的侵染，进而延长猕猴桃的贮藏保鲜期。

三、实验材料、试剂与器材

1. 实验材料

适时采收的猕猴桃果实。

2. 实验器材

普通聚乙烯包装袋、不同型号的保鲜袋(微孔袋、PE20、PE30 和 PE40)、测糖仪、硬度计、呼吸测定仪、真空干燥器和人工气候箱等。

3. 试剂

1-MCP。

四、实验内容

(1)研究 1-MCP 处理对猕猴桃贮藏品质的影响。

(2)研究自发气调包装对猕猴桃贮藏品质的影响。

(3)研究温度对猕猴桃贮藏品质的影响。

(4)猕猴桃采后贮藏保鲜与包装工艺的优化。

五、实验实施

1. 原料选择

猕猴桃果实采收后立即运回实验室,选择大小、成熟度基本一致、无病虫害、无机械伤的果实,装入塑料包装袋内备用。

2. 猕猴桃果实贮藏特性

将猕猴桃果实装入聚乙烯塑料袋中,每袋 5kg 果实,共 3 袋,置于温度 25℃、相对湿度为 85%~90% 的人工气候箱中贮藏,定期取样,测定果实的腐烂率、硬度、可溶性固形物含量、维生素 C 含量等,分析猕猴桃果实贮藏品质的变化规律。

3. 最适 1-MCP 处理浓度的筛选

(1)试验药剂的配置:分别准确称取 5.6、11.2、16.8、22.4mg 含 0.4% 的 1-MCP 固体粉末,将药品放入可以密封的广口小药瓶中,按 1∶16 的比例加入约 40℃ 的温水,然后拧紧瓶盖,分别放入不同的 40L 塑料箱中,使 1-MCP 释放浓度达到 250、500、750、1 000μL/L。

(2)1-MCP 处理及贮藏:将猕猴桃果实置于塑料箱中,迅速打开装有 1-MCP 的瓶盖,密封塑料箱。猕猴桃果实在密闭的塑料箱内熏蒸处理 4h,处理结束后,用聚乙烯保鲜袋包装后置于温度 25℃、相对湿度为 85%~90% 的人工气候箱下贮藏,定期取样,测定果实腐烂率、硬度、可溶性固形物含量、pH 值和维生素 C 含量等,确定最适的 1-MCP 处理浓度。

4. 适宜自发气调包装袋的筛选

将选择好的猕猴桃果实放入微孔、PE20、PE30 和 PE40 等不同型号的自发气调包装袋中进行包装、密封,置于温度 25℃、相对湿度为 85%~90% 的人工气候箱下贮藏。每个处理设置 3 个重复,每个重复装入 5kg 的果实。定期取样,测定果实腐烂率、硬度、可溶性固形物含量、pH 值和维生素 C 含量等,确定最适的气调保鲜袋。

5. 适宜贮藏温度的筛选

将猕猴桃果实装入聚乙烯塑料薄膜袋内,分别放置于 0、5、10、15、25℃ 的温度条件下进行贮藏,每个处理设置 3 个重复,每个重复 5kg 果实,定期取样,分别测定果实腐烂率、呼吸强度、硬度、可溶性固形物含量、维生素 C 含量等,根据实验结果确定适合猕猴桃果实贮藏的温度。

6. 猕猴桃果实贮藏保鲜与包装工艺优化

采用 3、4 和 5 步骤中筛选的单因素最适条件，将猕猴桃果实放入塑料箱中，进行 1-MCP 熏蒸处理；处理完成后将果实放入最适的 PE 保鲜袋中包装，密封。然后将果实置于最适合猕猴桃贮藏的温度条件下进行贮藏。定期取样，测定果实腐烂率、硬度、可溶性固形物含量、维生素 C 含量等，评价猕猴桃的贮藏效果。根据实验结果，获得葡萄贮藏保鲜的最佳工艺参数，并进行验证实验。

六、实验总结

实验总结以科技论文的格式进行撰写，要求每位同学提交独立撰写的实验报告，实验报告字数不少于 3 000 字。

实验二　蔬菜的贮藏保鲜与包装

蔬菜是人们日常饮食中必不可少的食物之一，是人体所必需的多种维生素和矿物质等营养物质的主要来源。然而，新鲜蔬菜含水量高，采收后仍然进行着旺盛的呼吸作用、蒸腾作用和酶的生化反应，易导致失水失鲜、质地变化、营养物质消耗等；同时也易受到机械损伤和微生物侵染，造成蔬菜组织褐变，甚至腐烂变质。新鲜蔬菜的保鲜主要从控制呼吸作用和蒸腾作用、褐变相关酶活性和微生物的活动等入手，降低蔬菜采后损失，延长货架期。本实验旨在使学生了解常见蔬菜的贮藏特性，掌握蔬菜常用的采后防腐保鲜处理技术、包装技术和贮藏技术，学会设计和制定有效延长蔬菜采后货架期的贮藏保鲜与包装方案。

实例 1　莲藕的贮藏保鲜与包装

一、实验目的

莲藕是莲肥大的地下茎，营养丰富、微甜而脆，可生食也可做菜，是深受广大消费者喜爱的水生蔬菜。然而莲藕采收后易出现表皮褐变，是其贮运和销售过程中亟待解决的重要问题。本实验旨在了解莲藕的贮藏特性、采后处理方法和贮藏条件，初步掌握设计适合莲藕贮藏保鲜与包装方案的设计方法。

二、实验原理

莲藕采后贮运性差，贮运期间易发生褐变、衰老、腐烂等问题，其中酶促褐变和呼吸消耗是导致莲藕品质下降的主要原因。此外，莲藕采后贮运过程中也易受多种真菌如镰刀菌的侵染而腐败变质。生产中主要是通过低温贮藏、化学保鲜剂处理、气调或真空包装等措施来降低莲藕组织的呼吸代谢水平和微生物的侵染，进而延长莲藕的采后贮藏保鲜期。

三、实验材料、器材与试剂

1. 实验材料

莲藕。

2. 实验器材

测糖仪、硬度计、色度计、气体分析仪、PA/PE 复合袋和气调包装机。

3. 试剂

次氯酸钠。

四、实验内容

(1)研究次氯酸钠对莲藕贮藏品质的影响。

(2)研究包装内气体成分对莲藕贮藏品质的影响。

(3)研究贮藏温度对莲藕贮藏品质的影响。

(4)莲藕采后贮藏保鲜与包装工艺的优化。

五、实验实施

1. 原料的选择

选择适时采收、新鲜无损伤、无病虫害且肉质白、组织结实、大小相当的节藕,洗净备用。

2. 次氯酸钠最适消毒工艺的确定

以有效氯浓度 100mg/L 的次氯酸钠溶液浸泡节藕 10、20、30min,以未浸泡组为对照,置于 25℃贮藏。每个处理设置 3 个重复,每个重复 2.5kg 莲藕。定期取样,测定莲藕腐烂指数、褐变指数、色度、可溶性固形物含量等品质指标,根据实验结果确定适宜的消毒工艺。

3. 气调包装最适条件的筛选

经次氯酸钠消毒的莲藕装入厚度为 0.325mm 的 PA/PE 复合袋内,分为 3 组,袋内分别充入 5%CO_2+3%O_2+92%N_2、3%CO_2+5%O_2+92%N_2 和空气,以空气处理组作为对照,密封后置于 25℃贮藏。每个处理设置 3 个重复,每个重复 2.5kg 莲藕。定期取样,测定袋内 O_2 和 CO_2 的浓度、腐烂指数、褐变指数、色度、可溶性固形物含量等品质指标,根据实验结果确定适宜的气体条件。

4. 适宜贮藏温度的筛选

将适宜气体条件下的包装莲藕分别放置于 0、5、10、15、25℃的温度条件下进行贮藏,每个处理设置 3 个重复,每个重复 2.5kg 莲藕。定期取样,测定莲藕腐烂指数、褐变指数、色度、可溶性固形物含量等品质指标,根据实验结果确定莲藕的最适贮藏和包装工艺。

5. 莲藕贮藏保鲜与包装工艺优化

采用 2、3、4 步骤中筛选的单因素最适范围,根据设计 3 因素 3 水平的正交实验的设计原则,分成 9 组实验。按照实验设计,将莲藕用一定浓度的次氯酸钠消毒后,晾干;然后进行气调包装后,置于不同温度下贮藏。定期取样,测定果实腐烂指数、褐变指数、色度、可溶性固形物含量等品质指标，获得莲藕贮藏、包装的最佳工艺参数，并进行验证实验。

六、实验总结

实验总结以科技论文的格式进行撰写，要求每位同学提交独立撰写的实验报告，实验报告字数不少于 3 000 字。

实例 2　生菜的贮藏保鲜与包装

一、实验目的

生菜是叶用莴苣的俗称，又称鹅仔菜、唛仔菜、莴仔菜，属菊科莴苣属，营养丰富，是一种低热量、高营养的蔬菜，可生食，脆嫩爽口，略甜，也可清炒生焗。本实验旨在使学生了解生菜贮藏特性、采后处理方法和贮藏条件，初步掌握设计适合生菜贮藏保鲜与包装方案的设计方法。

二、实验原理

新鲜生菜组织脆嫩，含水量高且表面积大，采后呼吸作用和蒸腾作用旺盛，在贮运和销售过程中易发生损伤、萎蔫失水、褐变及腐烂等品质问题。由于生菜采收后，会迅速地发生一系列生理反应，酶促褐变及微生物的繁殖都将导致其色泽、质构、口感等品质的下降，因此，抑制生菜生理反应、酶促褐变及微生物的繁殖，是当前保鲜生菜的切入点。生产中主要通过低温降低组织呼吸强度，结合湿度控制、气调或一定的化学处理，抑制生菜在贮运过程中出现的失水、褐变和腐烂问题，进而延长生菜的保鲜期。

三、实验材料、器材与试剂

1. 实验材料

新鲜生菜。

2. 实验器材

糖度计、色度计、紫外-可见分光光度计、PVC 塑料保鲜盒、喷雾器等。

3. 试剂

抗坏血酸钙、半胱氨酸。

四、实验内容

(1)研究护色保鲜剂的种类和处理浓度对生菜贮藏品质的影响。

(2)研究护色保鲜剂的处理方式对生菜贮藏品质的影响。

(3)研究贮藏温度对生菜贮藏品质的影响。

(4)生菜采后贮藏保鲜与包装工艺的优化。

五、实验实施

1. 原料的选择

挑选新鲜无损、大小均匀、无褐斑、无病、虫害的清洁生菜，运回实验室后快速预冷至 4℃ 以下备用。

2. 护色保鲜剂处理对生菜贮藏品质的影响

分别用不同浓度的抗坏血酸钙(0.5%、1.0%、1.5%) 和 L-半胱氨酸(0.025%、0.05%、0.1%)浸泡处理生菜切面至切面以上 1cm 处，浸泡 5s 后取出沥干，置于 PVC 塑料保鲜盒，于 25℃ 下贮藏，以未浸泡组为对照，每个处理设置 3 个重复，每个重复 1kg 生菜。定期取样，测定切面色度和褐变指数，结合感官质量评价确定护色保鲜剂种类及浓度。

生菜的褐变指数评定标准见表 4-1。

表 4-1　生菜的褐变指数评定标准

级别	评定标准	级别	评定标准
0级	没有任何褐变	3级	1/2≤褐变面积≤3/4
1级	褐变面积≤1/4	4级	褐变面积≥3/4
2级	1/4≤褐变面积≤1/2		

褐变指数按照下式计算：

$$褐变指数 = \frac{\sum 该级别褐变数×褐变级数}{总数×最高级别} ×100\%$$

感官质量评价：每次邀请 10 名经过培训的叶菜感官评价员，组成评定小组，对各试验结果进行判别评分，取其平均值(表 4-2)。

表 4-2　生菜品质评分标准

分数	评分标准
9分	品质完好，颜色鲜绿、脆嫩饱满、无萎蔫、无褐变
7分	品质较好，颜色轻微黯淡、较脆嫩、较饱满、轻度褐变
5分	叶片萎蔫、出现褐斑、切口明显褐变、稍有异味、可食
3分	品质较坏，褐变严重、有腐烂、异味较严重，不可食
1分	完全坏掉，不可食

3. 护色处理方式对生菜贮藏品质的影响

采用两种方式进行处理：

(1)以一定浓度的护色保鲜剂浸泡处理生菜切面至切面以上 1cm 处，浸泡 5s 后取出沥干。

(2)用护色保鲜剂溶液喷洒生菜叶表面。后续处理同前。每个处理设置 3 个重复，每个重复 1kg 生菜。定期取样，测定失重率、褐变指数、可溶性固形物含量、腐烂率等，根据实验结果选择适宜的处理方式。

4. 贮藏温度对生菜贮藏品质的影响

将经过前述处理的包装生菜分别放置于 0、5、10、15、25℃ 的温度条件下进行贮藏，每个处理设置 3 个重复，每个重复 1kg 生菜。定期取样，测定失重率、褐变指数、可溶性固形物含量、腐烂率等，根据实验结果确定生菜的最适贮藏温度。

5. 生菜贮藏保鲜与包装工艺优化

根据步骤 2、3、4 筛选的最适条件，对生菜进行护色保鲜处理后，置于最适的温度条件下进行贮藏，定期取样，测定相应品质指标，确定最适的生菜贮藏条件。

六、实验总结

实验总结以科技论文的格式进行撰写，要求每位同学提交独立撰写的实验报告，实验报告字数不少于 3 000 字。

实验三 新鲜食用菌的贮藏保鲜与包装

食用菌是子实体硕大、可供食用的蕈菌(大型真菌)，通称为蘑菇。食用菌不仅味美，而且营养丰富，含有丰富的蛋白质和氨基酸，是一类有机、营养、保健的绿色食品。食用菌采摘后菇体继续生长发育，进行有氧呼吸，消耗体内营养物质，糖含量下降，蛋白质降解。呼吸强度大是食用菌采后的最大特点。如果不能及时抑制呼吸，食用菌就会很快衰老。食用菌的衰老最终表现为开伞、弹射孢子、纤维化、风味劣变等。此外，食用菌在采后贮运和销售过程中易遭受机械损伤，进而导致微生物侵染和组织发生褐变，甚至引起菌体的腐烂变质。目前，新鲜食用菌的保鲜技术主要从调节呼吸作用和新陈代谢来抑制衰老，抑制微生物活动从而抑制腐败变质，控制水分蒸发防止萎蔫等方面开展。

实例 1 金针菇的贮藏保鲜与包装

一、实验目的

金针菇别名冬菇、朴蕈、绒毛柄金钱菌等，属真菌门担子菌亚门层菌纲伞菌目口蘑科金钱菌属。金针菇子实体一般比较小，多数成束生长，肉质柔软有弹性，以其菌盖滑嫩、柄脆、营养丰富、味美适口而著称于世，是凉拌菜和火锅的上好食材，深受大众食客的喜爱。本实验旨在使学生了解金针菇的贮藏特性、采后保鲜处理方法和贮藏条件，初步掌握金针菇贮藏保鲜与包装方案的设计方法。

二、实验原理

新鲜的金针菇含水量高，组织脆嫩，呼吸作用旺盛，在贮藏过程中易发生开伞、褐变、腐烂、茎纤维化、失水等品质劣变现象，导致食用价值和商品价值下降。针对金针菇采后容易出现褐变、开伞、失水、纤维化及腐败的问题，生产中主要采用保鲜剂处理，结合包装以及低温高湿的贮藏条件控制，可以有效抑制食用菌的呼吸作用和采后品质劣变，达到贮藏保鲜金针菇的目的。

三、实验材料、器材与试剂

1. 实验材料

新鲜金针菇。

2. 实验器材

色度计、天平、气调包装机和人工气候箱、不同厚度的聚乙烯塑料保鲜袋等。

3. 试剂

柠檬酸、抗坏血酸和L-半胱氨酸。

四、实验内容

(1)研究不同保鲜剂处理对金针菇保鲜效果的影响。

(2)研究包装方式对金针菇保鲜效果的影响。

(3)研究贮藏温度对金针菇保鲜效果的影响。

(4)金针菇贮藏保鲜与包装工艺条件的优化。

五、实验实施

1. 原料的选择

金针菇采收后及时运回实验室，选择无机械损伤、菇体完整、颜色为乳白色、菌盖未脱落的金针菇。去除根部带有的培养料及其他杂物，备用。

2. 适宜的保鲜剂及处理浓度的筛选

根据 GB 2760—2014 保鲜剂最大使用量，柠檬酸为 0.2%，抗坏血酸为 0.2%，L-半胱氨酸为 0.6mg/kg。将 3 种保鲜剂分别溶于 100mL 水中，用喷壶均匀喷洒于实验组金针菇上，置于25℃、相对湿度为85%~90%的人工气候箱下中贮藏，以喷水组为对照。每个处理设置 3 个重复，每个重复 100g 金针菇。定期取样，测定金针菇的腐烂率、色泽、失重、开伞率等，根据实验结果确定最佳的保鲜剂处理条件。

3. 适宜的包装材料的筛选

采用厚度分别为 2、4、6、8、10 丝的聚乙烯保鲜袋对金针菇进行包装处理，对照组金针菇不经任何处理，每组金针菇 100g，于25℃下贮藏，设置平行试验共 3 组。定期取样，测定金针菇的腐烂率、色泽、失重、开伞率等，根据实验结果确定最佳的保鲜剂处理条件。

4. 适宜贮藏温度的筛选

将金针菇分别放置于 5、10、15、20、25℃的温度条件下进行贮藏，每组金针菇 100g，设置平行试验共 3 组。定期取样，测定金针菇的腐烂率、色泽、失重、开伞率等，根据实验结果确定金针菇的最适贮藏温度范围。

5. 金针菇贮藏保鲜工艺优化

根据2、3 和 4 步骤中筛选的单因素最适条件，设计 3 因素 3 水平的正交实验。按照正交实验设计，将经保鲜剂处理的金针菇自然晾干，用一定厚度的聚乙烯塑料包装袋包装处理，置于一定温度下贮藏。定期取样，测定金针菇的腐烂率、色泽、失重、开伞率等。根据实验结果，获得金针菇贮藏保鲜与包装的最适工艺参数。

六、实验总结

实验总结以科技论文的格式进行撰写，要求每位同学提交独立撰写的实验报告，实验报告字数不少于 3 000 字。

实例 2　杏鲍菇的贮藏保鲜与包装

一、实验目的

杏鲍菇是一种色泽雪白、菌肉肥厚、质地脆嫩的食用菌，其含水量较高，自身的酶活性较强，生理代谢旺盛，导致其在常温条件下不耐贮藏，很容易出现变软、变黏、褐变等腐败变质现象。通过本实验，使学生了解杏鲍菇的贮藏特性、采后保鲜处理方法和贮藏条件，设计适合杏鲍贮藏保鲜的方案。

二、实验原理

杏鲍菇采收后仍然有生命活动，其中以呼吸作用为主。杏鲍菇在酶的作用下将体内的大分子有机质分解、氧化成小分子并释放维持生命的能量。新鲜杏鲍菇在蒸腾作用下失水，引起杏鲍菇收缩、开裂及质地变硬，进而影响其感观和商品价值。杏鲍菇贮藏过程中易发生褐变现象，其褐变是由多酚氧化酶引起的酶促褐变。针对杏鲍菇采收后易发生失水、萎蔫、褐变、软腐等现象，可以通过低温保鲜、气调保鲜、辐照保鲜、化学保鲜等手段对杏鲍菇进行保鲜处理。

三、实验材料、器材与试剂

1. 实验材料

新鲜杏鲍菇。

2. 实验器材

电子分析天平、色度计、硬度计、恒温培养箱、pH 计和人工气候箱、不同种类的塑料薄膜保鲜袋 [聚丙烯(PP)、聚乙烯(PE)、聚偏二氯乙烯(PVDC)] 等。

3. 试剂

冰醋酸、壳聚糖、吐温-20 和甘油。

四、实验内容

(1) 研究壳聚糖涂膜处理对杏鲍菇保鲜效果的影响。
(2) 研究包装材料对杏鲍菇保鲜效果的影响。
(3) 研究贮藏温度对杏鲍菇保鲜效果的影响。
(4) 杏鲍菇贮藏保鲜工艺条件的优化。

五、实验实施

1. 原料选择

杏鲍菇采收后及时运回实验室，选择无机械损伤、无病虫害、菇体完整、色泽洁白的杏鲍菇。去除根部带有的培养料及其他杂物，集中于 25 ℃ 预冷 1h，备用。

2. 适宜壳聚糖涂膜保鲜液的筛选

准确称取壳聚糖 0.5g，放入 100mL 烧杯中，加少量 2% 冰醋酸用玻璃棒搅拌溶解成透明溶液，加 0.15g 吐温-20 和 5g 甘油。最后用 2% 冰醋酸定容到 100mL，配成 0.5% 壳聚糖复合液。用同样的方法制得 0.1% 和 0.3% 壳聚糖复合液。将杏鲍菇在复合液中浸泡 2min，取出，自然晾干成膜，以蒸馏水浸泡 2min 为对照。置于温度 25℃、相对湿度为 85%~90% 的人工气候箱中贮藏。每个处理设置 3 个重复，每个重复 200g 杏鲍菇。定期取样，测定杏鲍菇的腐烂率、新鲜度、色度、失重等，根据实验结果确定最适的壳聚糖处理浓度范围。

3. 适宜塑料包装材料的筛选

采用 PP、PE、PVDC 3 种不同材料的塑料薄膜包装袋对杏鲍菇进行包装，以不进行任何包装为对照组，将样品置于 25℃、相对湿度为 85%~90% 的人工气候箱中贮藏。每个处理设置 3 个重复，每个重复 200g 杏鲍菇。定期取样，测定杏鲍菇的腐烂率、新鲜度、色度、失重等，根据实验结果选择合适的塑料包装材料。

4. 适宜贮藏温度的筛选

将杏鲍菇分别放置于 5、15、25℃ 的温度条件下进行贮藏，每个处理设置 3 个重复，每个重复 200g 杏鲍菇。定期取样，测定杏鲍菇的腐烂率、新鲜度、色度、失重等，根据实验结果确定杏鲍菇的最适贮藏温度范围。

5. 杏鲍菇贮藏保鲜与包装工艺优化

根据 2、3 和 4 步骤中筛选的单因素最适条件，将浸泡壳聚糖保鲜液的杏鲍菇自然晾干，进行塑料保鲜膜包装处理，置于一定温度下贮藏。定期取样，测定杏鲍菇的腐烂率、新鲜度、色度、失重等。根据实验结果，获得杏鲍菇贮藏保鲜的最适工艺参数，并进行验证实验。

六、实验总结

实验总结以科技论文的格式进行撰写，要求每位同学提交独立撰写的实验报告，实验报告字数不少于 3 000 字。

实验四 鲜切果蔬的保鲜与包装

鲜切果蔬是指以新鲜果蔬为原料，经分级、清洗、整修、去皮、切分、保鲜、包装等一系列处理后，再经过低温运输进入冷柜销售的即食或即用果蔬制品。它既保持了果蔬原有的新鲜状态，又具有天然、营养、新鲜、方便以及可利用度高(100% 可食用)等特点，可满足人们追求天然、营养以及快节奏的生活方式等方面的需求。因此，深受人们的喜爱。

与完整的新鲜果蔬原料相比，鲜切果蔬由于清洗、去皮、切分等加工处理所造成的机械损伤会加剧呼吸作用和代谢反应，会引发一系列生理生化变化，加速其生理衰老、营养损失、组织变色、质地软化或木质化、风味下降等品质劣变，失去新鲜产品的特征，大大降低了鲜切产品的商品价值。此外，由于切分、修整等处理使果蔬表面原有保护层去掉，使产品更容易遭受致病微生物的侵染，不利于鲜切果蔬品质的保持。因此，保持产品品质、延长保鲜期是鲜切果蔬加工工艺的关键。对鲜切果蔬进行适当的杀菌、保鲜和包装处理，可以改善果蔬周围的气体环境，减少微生物的数量，延长其货架期。目前常见的保鲜技术主要有低温保鲜、气调包装、涂膜保鲜、减压保鲜以及化学保鲜等。本实验旨在使学生了解常见鲜切果蔬的贮藏特性，掌握鲜切果蔬常用的保鲜方法和包装技术，初步掌握制订鲜切果蔬保鲜与包装方案的设计方法。

实例 1　鲜切荸荠的保鲜与包装

一、实验目的

荸荠又称马蹄，皮色紫黑，肉质洁白，味甜多汁，清脆可口，营养丰富，具有解毒、清热化痰、通便治病及降血压等功效。它既可以生食，又可以作为蔬菜进行烹饪、加工，是大众喜爱的时令蔬菜之一。本实验旨在使学生了解鲜切荸荠的贮藏特性和保鲜原理，初步掌握设计适合鲜切荸荠的贮藏保鲜与包装技术方案的方法。

二、实验原理

褐变是鲜切荸荠在贮藏加工过程中容易发生的主要问题之一，不仅影响外观，同时也降低了营养价值和抗氧化成分的含量，严重影响到鲜切荸荠食用价值和商品价值，因此，减少或抑制褐变对保持鲜切荸荠品质至关重要。此外，鲜切荸荠经过去皮、切割等加工过程后，组织结构遭受伤害，保护系统被破坏，组织液流出，极易被加工用水、空气及加工机械中的各种微生物所污染，从而导致腐烂。生产上主要通过杀菌剂和涂膜保鲜剂处理，结合气调包装等措施，有效控制鲜切荸荠的褐变及微生物污染，达到延长货架期的目的。

三、实验材料、器材与试剂

1. 实验材料

新鲜荸荠。

2. 器材

硬度计、测糖仪、色度计、恒温培养箱等。

3. 试剂

保鲜剂（如 L-半胱氨酸、抗坏血酸、亚硫酸钠和柠檬酸等）、多糖类涂膜剂（如壳聚糖、魔芋葡甘聚糖、黄原胶等）。

四、实验内容

(1)研究保鲜剂处理对鲜切荸荠品质的影响。

(2)研究涂膜处理对鲜切荸荠品质的影响。

(3)优化鲜切荸荠保鲜的工艺条件。

五、实验实施

1. 原料的选择及切分

选择新鲜饱满、无机械伤害、大小均一的荸荠，清水洗去田间泥土，并晾干，去皮后切分待用。

2. 适宜保鲜剂浓度及处理时间的筛选

分别用以下溶液处理切片：蒸馏水，不同浓度（0、0.5%、1.0%和1.5%）的异抗坏血酸和不同浓度（0、0.5%、0.8%、1.5%和2.0%）的柠檬酸处理鲜切荸荠，浸泡3min后清洗晾干，置于温度4℃、相对湿度为85%~90%的恒温培养箱贮藏。对照组不经任何处理。每个处理设置3个重复，每个重复1kg鲜切荸荠。定期取样，测定鲜切荸荠的褐变度、色度、失重、可溶性固形物含量等，根据实验结果确定最适的防褐变剂浓度及处理时间。

3. 适宜壳聚糖涂膜处理浓度的筛选

将壳聚糖制备成不同浓度（0、0.5%、1.0%、2.0%和4.0%）的溶液，将鲜切荸荠在壳聚糖溶液中浸泡1~3min，取出，自然晾干成膜，再放入聚乙烯保鲜袋中。对照组不经任何处理，直接装袋放入4℃冷藏箱贮藏。每个处理设置3个重复，每个重复1kg荸荠。定期取样，测定鲜切荸荠褐变度、色度、失重、可溶性固形物含量等，根据实验结果确定壳聚糖处理的浓度范围。

4. 鲜切荸荠保鲜工艺优化

根据2和3步骤中筛选的单因素最适范围（防褐变剂浓度、处理时间和壳聚糖的处理浓度），根据设计3因素3水平的正交实验的设计原则，分成9组实验。按照实验设计，将鲜切荸荠用适宜保鲜剂处理3min，并清洗晾干后，在壳聚糖溶液中浸泡2~3min，取出后自然晾干成膜，放入塑料薄膜包装袋中，置于4℃冷藏箱中贮藏。定期取样，测定切片的褐变度、色度、失重、可溶性固形物含量等。根据实验结果，获得鲜切荸荠保鲜的最佳工艺参数，并进行验证实验。

六、实验总结

实验总结以科技论文的格式进行撰写，要求每位同学提交独立撰写的实验报告，实验报告字数不少于3 000字。

实例2　鲜切菠萝的保鲜与包装

一、实验目的

菠萝别称凤梨，肉色金黄，香味浓郁，甜酸适口，清脆多汁，富含果糖、葡萄糖和维生素及矿物质元素，营养价值丰富。菠萝个头大，去皮且困难，食用不方便，而鲜切菠萝具有新鲜、营养、快捷、方便、卫生等优点，其产业具有非常广阔的发展前景。通过本实验的学习，使学生了解混合鲜切水果的贮藏特性，掌握乙烯抑制剂1-MCP和气调包装在鲜切菠萝中的作用原理，初步掌握鲜切菠萝贮藏保鲜方案的设计方法。

二、实验原理

鲜切菠萝经过一系列鲜切处理后，会发生各种不利的生理生化反应，从而损害果实的组织结构，使组织内的酶与底物直接接触而引起果实组织汁液外泄，去皮、切分等处理还会使果实失去真皮层的保护作用，容易造成微生物污染和繁殖，并使得一些营养物质流失，出现软化、褐变和失重等质量问题。本实验通过前期减菌处理和防褐变处理，同时结合气调包装技术和低温冷藏技术，延长鲜切菠萝的贮藏保鲜期。

三、实验材料、器材与试剂

1. 实验材料

新鲜菠萝。

2. 实验器材

菠萝专用不锈钢刀，PP 硬质包装盒、BOPP/PE 复合膜、测糖仪，色度计，天平和恒温培养箱等。

3. 试剂

次氯酸钠（NaClO）、二氧化氯（ClO_2）、柠檬酸和异抗坏血酸钠、PCA 培养基等。

四、实验内容

(1)前期减菌处理对鲜切菠萝品质的影响。
(2)防褐变处理对鲜切菠萝品质的影响。
(3)贮藏温度对鲜切菠萝品质的影响。
(4)气调包装对鲜切菠萝品质的影响。

五、实验实施

1. 原料选择与切分

挑选八成熟、果实质量与大小一致、无病虫害、无机械损伤的菠萝作为实验材料。将菠萝清洗干净，晾干。用菠萝去皮专用的锋利不锈钢刀将菠萝皮和目去掉，沿轴心平均切成 2 份，再分别切成 10mm 厚的半圆形菠萝片。

2. 鲜切菠萝的减菌预处理

将切片后的菠萝片分别进行以下处理：①40℃水烫漂 5min；②50℃水烫漂 5min；③60℃水烫漂 5min；④70℃水烫漂 5min；⑤10mg/L ClO_2 溶液浸泡 5min；⑥15mg/L ClO_2 溶液浸泡 5min；⑦20mg/L ClO_2 溶液浸泡 5min；⑧25mg/L ClO_2 溶液浸泡 5min；⑨50mg/L NaClO 溶液浸泡 5min；⑩100mg/L NaClO 溶液浸泡 5min；⑪150mg/L NaClO 溶液浸泡 5min；⑫200mg/L NaClO 溶液浸泡 5min。用蒸馏水浸泡 5min 作为空白对照，处理完成后马上装入 250mL PP 硬质包装盒中，将大小厚度一致的半圆形菠萝切片，每 15 片装 1 盒，每盒为 1 个处理，每个处理组设 3 个重复，将果实切片用 BOPP/PE 复合保鲜膜密封包装。置于 10℃条件下贮藏，定期取样，测定鲜切菠萝的菌落总数、色度、失重、可溶性固形物含量，筛选最适的减菌前处理的处理参数范围。

3. 鲜切菠萝防褐变处理的筛选

将切分好的菠萝扇片，分别进行以下处理：①0.4%异抗坏血酸钠溶液浸泡 2min；

②0.7%异抗坏血酸钠溶液浸泡2min；③1.0%异抗坏血酸钠溶液浸泡2min；④1.3%异抗坏血酸钠溶液浸泡2min；⑤0.4%柠檬酸溶液浸泡2min；⑥0.7%柠檬酸溶液浸泡2min；⑦1.0%柠檬酸溶液浸泡2min；⑧1.3%柠檬酸溶液浸泡2min。用蒸馏水浸泡5min作为空白对照，处理完成后马上放入250mL PP硬质包装盒中，每15片装1盒，每盒为1个处理，每个处理组设3个重复，将果实切片用BOPP/PE复合保鲜膜密封包装。置于10℃条件下贮藏，定期取样，测定鲜切菠萝的菌落总数、色度、失重、可溶性固形物含量等，筛选最适防褐变处理的参数范围。

4. 鲜切菠萝的气调包装参数的筛选

将切分好的菠萝扇片放于250 mL PP硬质包装盒中，充入预调节气体进行包装。气体组成分别为2%O_2+5%CO_2+93%N_2、3%O_2+5%CO_2+92%N_2、4%O_2+5%CO_2+91%N_2、5%O_2+15%CO_2+80%N_2；以充入空气为对照组，用BOPP/PE复合保鲜膜密封包装。包装后，统一置于10℃恒温培养箱里贮藏。每15片装1盒，每盒为1个处理，每个处理组设3个重复。将果实切片置于10℃条件下贮藏，定期取样，测定鲜切菠萝的菌落总数、色度、失重、可溶性固形物含量等，筛选气调包装的最适气体配比。

5. 鲜切菠萝贮藏温度参数的筛选

将切分好的菠萝扇片置于250mL PP硬质包装盒内，每盒装入15片扇片，然后用BOPP/PE复合保鲜膜密封包装。分别置于0、4、6、8、12℃条件下贮藏，每处理设3个重复，每个重复为1盒。定期取样，测定鲜切菠萝的菌落总数、色度、失重、新鲜度和可溶性固形物含量、硬度、酸度和维生素C含量，筛选最适贮藏温度。

6. 鲜切菠萝保鲜与包装工艺优化

根据2、3、4和5步骤中筛选的单因素最适范围(减菌处理浓度、防褐变剂浓度、气调包装参数、贮藏温度)，根据4因素3水平的正交实验的设计原则，分成9组实验。按照实验设计，将鲜切菠萝用适宜杀菌剂处理3min，并清洗晾干后，在防褐变剂溶液中浸泡2min，取出后自然晾干，放入充入预调节气体的PP硬质包装盒中，用BOPP/PE复合保鲜膜密封包装，置于适宜的冷藏温度下贮藏，定期取样，测定切片的菌落总数、色度、失重、可溶性固形物含量等。根据实验结果，获得鲜切菠萝保鲜的最佳工艺参数，并进行验证实验。

六、实验总结

实验总结以科技论文的格式进行撰写，要求每位同学提交独立撰写的实验报告，实验报告字数不少于3 000字。

实验五 生鲜肉的保鲜与包装

生鲜肉是指未经烹调、制作等深加工过程，只做必要保鲜和简单整理上架而出售的初级产品，主要包括热鲜肉和冷鲜肉。生鲜肉是人体所需优质蛋白质的主要来源，更是人们日常生活中不可缺少的食品。生鲜肉含丰富的代谢酶，能引起蛋白质、油脂等物质的快速分解，导致变色、变味，同时肉表面的微生物大量繁殖，会导致腐烂变质，甚至大量毒素的产生，严重影响食用安全性。因此，原料肉的微生物控制、保鲜处理、包装方法等诸多因素决定货架期。目前，生产上主要通过低温冷藏、适宜的技术处理、合理的包装技术来保证产品的质量和安全性，达到延长货架期的效果。

实例 1　冷鲜猪肉的保鲜与包装

一、实验目的

猪肉是我国肉类消费的主体，冷鲜肉是猪肉消费的新趋势，对于我国猪养殖产业的持续健康发展有十分重要的意义。冷鲜猪肉在冷链环节中，容易出现变色、流汁、有异味、腐败等质量问题。因此，需要采用防腐保鲜与包装技术延长冷鲜肉货架期，满足市场需求。通过本实验的学习，使学生了解冷鲜猪肉的贮藏特性、保鲜处理方法和贮藏条件，初步掌握冷鲜猪肉保鲜与包装方案的设计方法。

二、实验原理

冷鲜猪肉又称为冷却成熟肉，是指严格执行检疫、检验制度屠宰后的生猪胴体，经锯（劈）半后迅速进行冷却处理，使胴体深层肉温（一般为后腿中心温度）在 24h 内迅速降为 $-1 \sim 7℃$，并在后续的分割加工、流通和销售过程中始终保持在冷链条件下的新鲜猪肉。冷鲜猪肉具有安全卫生、营养价值高、食用品质优良等特点。但冷鲜猪肉肉体表面复杂的厌氧或需氧微生物繁殖会造成肉的腐败变质，同时肉中肌红蛋白氧化引起变色以及自身的酶导致肉的降解，严重影响冷鲜肉品质。目前，生产中主要通过严格温度管理、减菌处理、保鲜剂处理、真空包装和气调包装等抑制冷鲜肉品的品质劣变，延长货架寿命。

三、实验材料、器材与试剂

1. 实验材料

新鲜猪肉。

2. 实验器材

色度计、pH 计、电子分析天平、微量定氮仪、超净工作台、质构仪、紫外-可见分光光度计、人工气候箱、复合包装材料等。

3. 试剂

壳聚糖、茶叶提取物和生姜提取物。

四、实验内容

(1)研究天然保鲜剂处理对冷鲜猪肉品质的影响。

(2)研究贮藏温度对冷鲜猪肉品质的影响。

(3)研究真空包装对冷鲜猪肉品质的影响。

(4)研究气调包装对冷鲜猪肉品质的影响。

(5)优化冷鲜猪肉贮藏保鲜的工艺条件。

五、实验实施

1. 原料的选择

冷鲜猪肉从大型商超购买后采用泡沫加冰方法及时运回实验室,将冷鲜猪肉进行分割、搭配,尽量确保外观品质均匀一致,装入塑料包装袋中备用。

2. 冷鲜猪肉贮藏特性测定与分析

将冷鲜猪肉放入聚乙烯保鲜袋中,每袋500g,共3袋,置于温度4℃、相对湿度为85%~90%的人工气候箱中贮藏,定期取样,测定冷鲜肉的色度、pH值、流汁率、挥发性盐基氮、细菌总数等,分析影响冷鲜猪肉贮藏品质劣变的关键因素。

3. 筛选适宜的天然提取物及其处理浓度

将壳聚糖、茶多酚、生姜提取物制备成不同浓度(0、1.0%、2.0%和4.0%)的溶液,将冷鲜猪肉浸泡在壳聚糖溶液中浸泡1~3min,取出后放入聚乙烯保鲜袋中。在上述条件下贮藏。每个处理设置3次重复,每重复500g冷鲜猪肉。定期取样,测定样品的色度、流汁率、挥发性盐基氮、细菌总数,并结合感官评价,确定壳聚糖、茶多酚、生姜提取物处理的浓度范围。

4. 气调包装对冷鲜猪肉保鲜效果评价

冷鲜猪肉放入复合塑料包装袋中,分别进行如下充气包装处理:①25%O_2+50%CO_2;②50%O_2+50%N_2;③50%O_2+50%CO_2;④100%CO_2。密封包装后在4℃条件下贮藏,定期取样,测定样品的色度、流汁率、挥发性盐基氮、细菌总数,并结合感官评价,筛选适宜冷鲜猪肉的气体配比参数。

5. 冷鲜猪肉保鲜与包装工艺优化

根据步骤3中筛选的单因素最适范围,以壳聚糖、茶多酚和生姜提取物为因素,设计3因素3水平的正交实验,筛选出最佳的复配保鲜剂配方。然后根据步骤4筛选的最佳气调包装的气体配比,将冷鲜肉在复配保鲜剂中浸泡处理,快速沥干后放入包装袋,采用最适比例的气体成分进行气调包装后,在4℃温度下贮藏。定期取样,评价冷鲜猪肉的色度、流汁率、新鲜度、挥发性盐基氮、细菌总数,并结合感官评价,确定最适的冷鲜肉保鲜与包装技术工艺参数,并进行验证实验。

六、实验总结

实验总结以科技论文的格式进行撰写,要求每位同学提交独立撰写的实验报告,实验报告字数不少于3 000字。

实例 2 冷鲜鸡肉的保鲜与包装

一、实验目的

鸡肉具有高蛋白质、低脂肪、低热量、低胆固醇等营养特点,且品种多,风味独特,易于加工,逐渐成为人们的主要食用肉之一。其中,冷鲜鸡肉因口感好、风味优良、营养价值高、卫生安全等特点而成为消费者的首选。本实验旨在使学生了解冷鲜鸡肉贮藏保鲜中容易出现的质量问题,明确影响冷鲜鸡肉品质的主要因素,掌握冷鲜鸡肉常见的保鲜处理方法和贮藏条件，初步掌握冷鲜鸡肉贮藏保鲜与包装方案的设计方法。

二、实验原理

冷鲜鸡肉是指严格按照宰前检疫、宰后检验，采用科学的屠宰工艺后迅速进行冷却处理，使胴体温度在 2h 内降至 0~4℃，并在流通和分销过程中温度始终保持在-4℃的预冷加工鸡肉，保质期可达 10d 以上。冷鲜鸡肉品质劣变的原因主要有内源性酶紊乱性作用和微生物生长繁殖。因此，降低贮藏温度抑制微生物生长繁殖是冷鲜鸡肉保鲜的关键。本实验通过低温冷藏，结合化学防腐保鲜剂、生物防腐保鲜剂、真空包装与气调包装抑制微生物生长繁殖和鸡肉代谢活性，延长产品货架期。

三、实验材料、器材与试剂

1. 实验材料

新鲜鸡肉。

2. 实验器材

色度计、pH 计、电子分析天平、微量定氮仪、超净工作台、质构仪、紫外-可见分光光度计、人工气候箱、不同规格的包装材料和包装盒、气调包装机、真空包装机等。

3. 试剂

乙酸、乳酸、过氧乙酸等。

四、实验内容

(1)冷鲜鸡肉在贮藏过程中的品质变化规律研究。

(2)减菌处理对冷鲜鸡肉品质的影响。

(3)包装方式对冷鲜鸡肉品质的影响。

(4)冷鲜鸡肉的保鲜与包装工艺的优化。

五、实验实施

1. 原料选择及处理

冷鲜鸡肉从大型商超购买后采用泡沫加冰法迅速运回冷藏实验室，经过低温快速分割、去骨处理，量化后装入保鲜盒，套上保鲜袋备用。

2. 冷鲜鸡肉在贮藏过程中的品质变化规律研究

拆分好的冷鲜鸡肉在保鲜袋中，每袋 500~1 000g，置于 4℃条件下贮藏。定期取样，测定鸡肉的 pH 值、出汁率、挥发性盐基氮、细菌总数，结合感官评定，分析导致冷鲜鸡肉品质劣变的关键原因。

3. 减菌处理对冷鲜肌肉贮藏品质的影响

用清水分别配制浓度为 0.5%、1%、2% 和 4% 的乙酸溶液，以清水浸泡为对照，将冷鲜鸡肉在 0~4℃下浸泡 3~4min，适当沥干后放入保鲜盒中，在 4℃下贮藏。定期取样，测定鸡肉的 pH 值、出汁率、挥发性盐基氮、细菌总数，结合感官评定，确定适宜的减菌处理浓度范围。

4. 包装方式对冷鲜鸡肉贮藏品质的影响

将冷鲜鸡肉采用托盘裹包包装、真空包装、气调包装（80%CO_2+20%O_2）、真空包装结合气调包装（先将冷鲜鸡肉块用真空包装进行小包装，然后将小包装放入大包装袋进行气体成分 80%CO_2+20%O_2的气调包装），包装后迅速放入低温冷藏箱中，4℃下贮藏。定期取样，对样品进行感官评定，并检测相关理化指标和微生物指标，确定较合适的真空包装和气调包装方式。

5. 冷鲜鸡肉的保鲜与包装工艺优化

根据 2、3 和 4 步骤中筛选的单因素最适条件，设计正交实验。定期取样，测定鸡肉的 pH 值、出汁率、挥发性氨基氮、细菌总数等，根据实验结果，获得冷鲜鸡肉贮藏保鲜与包装工艺的最佳参数，并进行验证实验。

六、实验总结

实验总结以科技论文的格式进行撰写，要求每位同学提交独立撰写的实验报告，实验报告字数不少于 3 000 字。

实验六　生鲜水产品的保鲜与包装

水产品是海洋和淡水渔业生产的水产动植物产品及其加工产品的总称，其营养丰富，风味各异，在我国动物产品消费中始终占有重要位置。水产品作为优质的蛋白质来源，不仅味道鲜美，还含有丰富的 DHA、EPA、牛磺酸等营养成分，具有高蛋白、低脂肪、味道鲜美的特点，一直深受广大消费者的青睐。但水产品在加工、贮藏、运输和销售过程中容易发生品质劣变，出现变色、变味甚至腐臭等质量问题。这些质量问题的发生与腐败微生物的污染、内源性蛋白酶的作用以及脂质氧化作用密切相关。目前，生产上主要通过低温冷藏、适当的保鲜处理措施、合理的包装技术来保证产品的质量和安全性，达到延长货架期的效果。

实例 1　大黄鱼保鲜与包装

一、实验目的

大黄鱼（*Pseudosciaena crocea*）俗名黄花鱼、黄金龙等，不仅呈味氨基酸含量丰富，味道鲜美，肉质细腻；同时氨基酸种类齐全，氨基酸组成高于 FAO/WHO 理想模式评价标准，是一种优质的蛋白源，有滋补身体之功效，被称为"长命鱼"，颇受人们喜爱。大黄鱼主要分布于我国黄海南部、福建及江浙沿海，是我国重要的经济鱼类，也是我国出口创汇的主要品种之一。本实验旨在使学生了解冷鲜大黄鱼的品质评价方法，熟悉大黄鱼的品质变化和腐败特性等质量问题，掌握大黄鱼捕捞后的保鲜处理方法和包装技术，初步掌握冷鲜大黄鱼贮藏保鲜与包装方案的设计方法。

二、实验原理

大黄鱼生活在较深的海水中，身体结构及内脏已经适应巨大的海水压力。捕获出水时，由于压力突然降低，鳔内空气膨胀引起爆裂，同时还能引起体内微细血管破裂，出现眼睛突出于眼眶外等现象，造成大黄鱼死亡。因此，大黄鱼以冰鲜原条鱼的形式运输和销售。此外，大黄鱼鱼体水分及蛋白质含量较高，易受微生物污染而导致腐败变质；鱼体内各种蛋白酶类仍然具有活性，加速鱼的腐败变质。低温和气调是延长大黄鱼贮藏保鲜期的有效途径。

三、实验材料、器材与试剂

1. 实验材料
新鲜大黄鱼。

2. 实验器材
保鲜盒、包装袋、制冰机、气调包装机、色度计、pH 计、微量定氮仪、分光光度计和冷藏箱等。

3. 试剂
壳聚糖。

四、实验内容
(1)研究大黄鱼品质劣变规律。
(2)研究前处理对大黄鱼品质的影响。
(3)气调包装对大黄鱼贮藏品质的影响。
(4)研究冷藏温度对大黄鱼品质变化的影响。
(5)优化大黄鱼贮藏保鲜与包装综合工艺条件。

五、实验实施

1. 原料选择及处理
选择新鲜、大小均匀、无损伤的体重 0.45~0.55kg、体长 35~45cm 的大黄鱼。将鲜活大黄鱼用碎冰冻死后，无菌水洗净、沥干，备用。

2. 冷藏条件下大黄鱼的品质变化规律
将按照步骤 1 处理的大黄鱼放入聚乙烯薄膜袋中封装，置于 4℃ 条件下贮藏。定期检测鱼体的色度、pH 值、K 值、挥发性盐基氮和细菌总数等品质指标，根据结果分析大黄鱼在冷藏条件下的品质变化规律及关键影响因子。

3. 前处理对冷藏条件下大黄鱼品质的影响
将鲜活大黄鱼按照步骤 1 进行处理后进行以下处理：①分别在 0.05%、0.1%、0.2%、0.4%茶多酚溶液中浸泡 5min；②20、50、100、200mg/L 二氧化氯溶液中浸泡 5min；③0.5%、1%、2%壳聚糖溶液中浸泡 5min；④0.20%茶多酚溶液中浸泡 5min；

⑤0.25%茶多酚溶液中浸泡5min；⑥0.5%氯化钠溶液中浸泡5min；⑦1.0%氯化钠溶液中浸泡5min；⑧1.5%氯化钠溶液中浸泡5min；⑨2.0%氯化钠溶液中浸泡5min；⑩2.5%氯化钠溶液中浸泡5min。对照组不进行任何处理。将处理好的大黄鱼装入聚乙烯薄膜袋中封装，置于4℃条件下贮藏。定期检测鱼体的色度、pH值、挥发性盐基氮、K值和细菌总数等品质指标，确定适宜的前处理方式和参数。

4. 冷藏温度对大黄鱼品质的影响

用温度计测定鲜活的大黄鱼块的冰点，将鲜活大黄鱼按照步骤1进行处理后装入聚乙烯保鲜袋中，分别置于大黄鱼的冰点附近、0、1、2、4℃等条件下贮藏，每个处理为3个重复，每个重复9条鱼。定期检测鱼体的色度、pH值、K值、挥发性盐基氮和细菌总数等品质指标，确定适宜的贮藏温度参数。

5. 气调包装对大黄鱼品质的影响

将鲜活大黄鱼按照步骤1进行处理后，装入真空复合包装袋中，通过气调包装机将混合气体充入装有大黄鱼的包装袋中，然后置于4℃条件下贮藏。充入气体的比例分别为：60%CO_2+10%O_2+30%N_2；50%CO_2+20%O_2+30%N_2；30%CO_2+70%N_2；60%CO_2+40%N_2；75%CO_2+25%N_2。每个处理为3个重复，每个重复9条鱼。定期取样，检测鱼体的色度、pH值、挥发性盐基氮、K值和细菌总数等品质指标，确定适宜的气调包装参数。

6. 大黄鱼保鲜与包装工艺优化

根据步骤3、4和5步骤中筛选的单因素最适条件范围，设计正交实验。将鲜活的大黄鱼在保鲜剂中浸泡5min后，沥干，装入真空复合保鲜袋中，充气包装后，置于设定温度下贮藏。定期取样，检测鱼体的色度、pH值、挥发性盐基氮、K值和细菌总数等品质指标，确定最佳的大黄鱼贮藏保鲜与包装的工艺参数，并进行验证实验。

六、实验总结

实验总结以科技论文的格式进行撰写，要求每位同学提交独立撰写的实验报告，实验报告字数不少于3 000字。

实例 2 生鲜草鱼片的保鲜与包装

一、实验目的

草鱼（*Ctenopharyngodon idellus*）是鲤科草鱼属鱼类，俗称皖鱼、鲩、油鲩、草鲩、鲩鱼、白鲩、草根等，和鲢、鳙、青鱼一起，构成了中国的"四大家鱼"。草鱼是典型的草食性鱼类，栖息于平原地区的江河湖泊，一般喜居于水的中下层和近岸多水草区域，是我国重要的淡水养殖鱼类。草鱼肉营养丰富，富含蛋白质、不饱和脂肪酸等营养成分，是一种优质的动物蛋白资源。然而，因此，淡水鱼保鲜技术一直是制约淡水渔业发展的难题，也一直是国内外研究的热点。本实验旨在使学生了解生鲜鱼片的品质评价方法，熟悉生鲜鱼片的品质变化规律，掌握草鱼捕捞后的保鲜处理方法和包装技术，初步学会生鲜鱼片的保鲜与包装方案的设计方法。

二、实验原理

由于淡水鱼一般具有水分含量高、内源性酶活性高、pH 中性等特点，加工贮运过程中极易发生蛋白质降解、脂肪氧化酸败等生化反应，出现腥味加重、汁液流失、口感变柴等不良现象，即使在冷藏条件下，鱼肉也极易腐败变质。采用低温控制酶活性和微生物生长繁殖，结合减菌处理和气调包装，能延缓草鱼鱼片的色泽和品质劣变，延长货架期。

三、实验材料、器材与试剂

1. 实验材料

草鱼(活鱼)。

2. 实验器材

保鲜盒、包装袋、泡沫箱、制冰机、气调包装机、色度计、pH 计、微量定氮仪、超净工作台、冷藏箱和灭菌锅等。

3. 试剂

茶叶提取物、壳聚糖、次氯酸钠、二氧化氯等。

四、实验内容

(1)了解草鱼鱼片品质劣变特点及品质评价方法。

(2)研究贮藏温度对草鱼鱼片保鲜效果的影响。

(3)研究减菌处理条件及浓度对草鱼鱼片保鲜效果的影响。

(4)研究气调包装对草鱼鱼片保鲜效果的影响。

(5)草鱼鱼片贮藏保鲜与包装工艺的优化。

五、实验实施

1. 原料选择与处理

市场上购买质量 5kg 左右的鲜活草鱼，采用水中充氧的方法运回实验室。鲜活草鱼采用加冰方法冰晕后，经宰杀、去鳞、去内脏、去头后，分割成 3 片，去皮、去排刺后，取背部肉切割成 3cm×2cm×2cm 左右的鱼片，装入保鲜盒中，置于 4℃ 低温冷藏箱中备用。

2. 草鱼鱼片冷藏过程中品质变化规律分析

准备好的鱼片放入包装盒中，套上保鲜袋，置于 4℃ 低温冷藏箱中。定期观察并取样，测定鱼片的色值、质构特性、失重、蒸煮损失率、挥发性氨基氮、K 值、丙二醛(MDA)含量(也称 TBA 含量，MDA 与硫代巴比妥酸反应，生成物质在 532nm 下有特定吸收)、细菌总数等，根据实验结果分析草鱼鱼片在冷藏条件下的品质变化规律。

3. 适宜贮藏温度的筛选

草鱼鱼片放入包装盒中，套上保鲜袋，于低温冷藏箱中贮藏，设置贮藏温度分别为

-3、0、2、4℃。定期观察并取样，测定鱼片的色值、质构特性、失重、挥发性氨基氮、K 值、TBA 含量、细菌总数等，根据实验结果确定草鱼鱼片的最适贮藏温度范围。

4. 适宜减菌处理条件的筛选

分别配制 0.5%、1%、2% 的茶多酚、次氯酸钠和二氧化氯溶液等，将鱼片分组，在上述溶液中浸泡 1min，快速沥干后放入包装盒中，套上聚乙烯塑料薄膜保鲜袋，在 4℃ 条件下贮藏。定期观察并取样，测定鱼片的色值、质构特性、失重、蒸煮损失率、挥发性氨基氮、K 值、TBA、细菌总数等，根据实验结果确定草鱼鱼片的最适减菌处理条件及浓度范围。

5. 适宜气调包装条件的筛选

将按照步骤 1 处理好的草鱼鱼片放入保鲜盒中，分别充入 30%、50% 和 70% 的 CO_2（补充气为 N_2），或 100%O_2、70%O_2+30%CO_2、40%O_2+30%CO_2+30%N_2，并密封，放入 4℃ 下贮藏。定期观察并取样，测定鱼片的色值、质构特性、失重、蒸煮损失率、挥发性氨基氮、K 值、TBA 含量、细菌总数等，根据实验结果确定最适充气范围。

6. 草鱼片保鲜与包装工艺优化

根据 3、4 和 5 步骤中筛选的单因素最适条件，设计正交实验。定期观察并取样，测定鱼片的色值、质构特性、失重、蒸煮损失率、挥发性氨基氮、K 值、TBA 含量、细菌总数等。根据实验结果，获得草鱼鱼片贮藏保鲜与包装的最佳工艺参数，并进行验证实验。

六、实验总结

实验总结以科技论文的格式进行撰写，要求每位同学提交独立撰写的实验报告，实验报告字数不少于 3 000 字。

实验七 调理食品的保鲜与包装

调理食品是指以农、畜、禽、水产品为原料，经适当加工（如分切、搅拌、成型、调理）后以包装或散装形式于冷冻或冷藏或常温的条件下贮运和销售，可直接食用或食用前经简单加工或热处理的产品。目前调理食品主要分为即食调理食品和预制调理食品两类。调理食品解决了传统中式菜肴烹饪制作时间长、标准化水平低的缺点，满足了现代消费者对食品营养、美味及快节奏生活的需要。

调理食品营养丰富，成分复杂，在贮藏过程中易受微生物污染而腐败变质。同时，酶的作用和氧化反应也是引起调理食品品质劣变的原因之一。目前，生产上主要通过适宜的前处理技术、包装技术和贮藏技术来控制即食调理食品贮运和销售过程中的环境条件来保持品质，达到延长货架期的效果。

实例 1 即食红烧肉的保鲜与包装

一、实验目的

红烧肉是中式菜肴中的经典美食，其色泽红亮，软糯适口，肥而不腻，瘦而不柴，口味浑厚，鲜香可口。数千年来，它以独特的风味赢得人们的喜爱。将传统红烧肉经加工制成低温贮运、加热即食的肉类方便菜肴，既可弥补红烧肉罐头因高温杀菌对品质破坏较大、保质不保鲜的不足，又能满足现代人尤其是快节奏生活人群对食品营养、安全、美味、方便的追求。通过本实验的学习，使学生了解即食红烧肉的贮藏特性和贮藏条件，初步掌握即食红烧肉贮藏保鲜与包装方案的设计方法。

二、实验原理

红烧肉菜肴产品在加工处理后暴露于环境中，极易受到污染和发生氧化，利用食品低温贮藏和适宜的包装技术是保持产品在贮藏期内的品质稳定、提高保鲜效果、延长货架期的有效手段。

三、实验材料、器材与试剂

1. 实验材料

新鲜猪五花(冷鲜肉)、生姜、大蒜、绵白糖、盐、老抽、料酒。

2. 实验器材

真空封口机、复合气调保鲜包装一体机、紫外分光光度计、高精度分光测色仪、微量定氮仪、高速组织破碎机和冷冻离心机等。

3. 试剂

氢氧化钠、盐酸、无水乙醇、氧化镁、硫代巴比妥酸(TBA)、乙二胺四乙酸(ED-TA)、1,1,3,3-四乙氧基丙烷(TEP)、三氯乙酸、硼酸、营养琼脂等。

四、实验内容

(1)研究包装方式对即食红烧肉品质的影响。

(2)研究包装材料对即食红烧肉品质的影响。

(3)研究贮藏温度对即食红烧肉品质的影响。

(4)即食红烧肉保鲜的工艺条件优化。

五、实验实施

1. 红烧肉的制备

(1)制备工艺流程：净猪五花肉块→焯水、切块→煸炒出油→放料酒、绵白糖、老抽定色→放水、盐定味→大火烧开→小火焖焐→装盘。

(2)操作要点：五花肉切成 3cm×3cm×3cm 的块，清洗干净后用电磁炉煮沸 3min，取出后洗干沥净。净锅置于电磁炉上，加热功率调整到 600W，放油 50g，油温低时，加入绵白糖20g，糖化升后，放五花肉1 000g，翻炒20min，待肉块变色、变硬、出油时将煸炒出的油泌出。在锅中加入水700g、老抽20g、生抽20g、绵白糖40g、料酒100g、盐2g、生姜和大蒜适量，加盖烧至汤汁沸腾，水沸腾后加热功率调整为300W，炖制2.5h。

2. 红烧肉在冷藏过程中的品质变化规律研究

按照步骤1将制备好的红烧肉装入已灭菌的真空塑料薄膜袋中，分别进行抽真空后密封包装和直接密封包装，置于4℃条件下贮藏。每个处理设置3个重复。每个重复1袋，每袋250g红烧肉。定期取样，测定即食红烧肉的菌落总数、挥发性盐基氮、TBA值，并进行感官评定等，根据实验结果分析即食红烧肉在冷藏过程中的品质变化规律。

3. 适宜防腐剂浓度的筛选

按照步骤1制备红烧肉，用10mL不同浓度的山梨酸钾（0.05%、0.1%、0.2%、0.4%），乳酸链球菌素（0.05%、0.1%、0.2%、0.4%），ε-聚赖氨酸溶液（0.4%、0.8%、1.2%、1.6%）均匀地喷涂在红烧肉的表面，晾干，然后转入真空复合塑料薄膜袋中抽真空包装，置于4℃低温下贮藏。对照不做任何处理，直接进行抽真空包装。每处理设置3个重复，每个重复250g红烧肉。定期取样，测定即食红烧肉的菌落总数、挥发性盐基氮、TBA值，结合感官评定结果确定适宜的防腐剂浓度范围。

4. 适宜抗氧化剂浓度的筛选

按照步骤1制备红烧肉，用10mL不同浓度的BHT（0.02%、0.04%、0.08%、0.12%），维生素C（0.2%、0.4%、0.6%、0.8%、1.0%），维生素E（0.05%、0.1%、0.2%、0.4%）均匀的喷涂在红烧肉的表面，晾干，然后转入真空复合塑料薄膜袋中抽真空包装，置于4℃低温下贮藏。以不做任何处理为对照，每处理设置3个重复，每个重复250g红烧肉。定期取样，测定即食红烧肉的菌落总数、挥发性盐基氮、TBA值和感官评定等，根据实验结果确定适宜的抗氧化剂浓度范围。

5. 适宜贮藏温度的筛选

将按照步骤1制备红烧肉装入塑料薄膜袋内抽真空包装，然后分别放置于0、2、4、6、8℃的温度条件下进行贮藏，每个处理设置3个重复。定期取样，测定即食红烧肉的菌落总数、挥发性盐基氮、TBA值，并进行感官评定等，根据实验结果确定即食红烧肉的最适贮藏温度范围。

6. 即食红烧肉保鲜和包装工艺优化

根据3、4和5步骤中筛选的单因素最适范围，设计3因素3水平的正交实验。根据实验设计，按照步骤1制备红烧肉，将即食红烧肉分别喷洒防腐剂和抗氧化剂，晾干后放入真空复合塑料薄膜包装袋中，进行抽真空或充气包装，密封后置于设定的相应温度条件下贮藏。定期取样，测定即食红烧肉的菌落总数、挥发性盐基氮、TBA值，并进行感官评定等。根据实验结果，获得即食红烧肉贮藏保鲜与包装的最佳工艺参数，并进行验证实验。

六、实验总结

实验总结以科技论文的格式进行撰写，要求每位同学提交独立撰写的实验报告，实验报告字数不少于3 000字。

实例 2　生鲜调理青椒肉丝的保鲜与包装

一、实验目的

生鲜调理青椒肉丝是以猪瘦肉为主要原料，添加适量的调味料和辅料，经适度加工的一类食用方便的肉类调理菜肴。通过本实验的学习，使学生了解生鲜调理青椒肉丝的贮藏特性和贮藏条件，初步掌握设计适合生鲜调理青椒肉丝贮藏保鲜的方案。

二、实验原理

生鲜猪肉及其制品中含有丰富的营养成分，在通常的贮藏、运输、加工中很容易被微生物污染，导致肉的腐败变质。利用天然或安全的防腐剂、保鲜剂，再结合适宜的包装技术和贮藏条件，可有效延长生鲜调理青椒肉丝的货架期并使其保持良好的品质。

三、实验材料、器材与试剂

1. 实验材料

冷鲜猪肉、青椒、盐、葱、酱油、味精、淀粉、生姜等。

2. 实验器材

电子分析天平、真空包装机、复合气调保鲜包装一体机、微量定氮仪、pH 计等。

3. 试剂

山梨酸钾、乳酸链球菌素(Nisin)、脱氢乙酸钠等。

四、实验内容

(1)研究防腐保鲜剂处理对生鲜调理青椒肉丝品质的影响。

(2)研究包装方式处理对生鲜调理青椒肉丝品质的影响。

(3)研究包装材料对生鲜调理青椒肉丝品质的影响。

(4)研究贮藏温度对生鲜调理青椒肉丝品质的影响。

(5)生鲜调理青椒肉丝保鲜与包装工艺条件的优化。

五、实验实施

1. 原料的选择和处理

选择新鲜的猪肉和青椒，可参考如下配方和工艺处理：配方按 100g 猪瘦肉计算，青椒 25g、盐 2g、葱白 5g、酱油 5g、味精 0.5g、淀粉 5g 和生姜 3g。

工艺流程为：新鲜猪瘦肉→清洗→切丝→添加辅料，和防腐剂混匀后加入青椒丝、葱姜丝→每 50g 进行包装→保鲜检验。

2. 适宜防腐保鲜剂种类和浓度的筛选

根据食品添加剂的要求，脱氢乙酸钠和乳酸链球菌素在食品中最大允许使用量为 0.5g/kg，山梨酸钾在食品中的最大允许使用量为 0.075g/kg。准确称取各种防腐剂，用无菌蒸馏水配成质量分数为 0.75%的山梨酸钾溶液、质量分数为 5%的乳酸链球菌素溶液、质量分数为5%的脱氢乙酸钠溶液，添加时按不同体积用移液管吸取即可。如50g样品添加质量分数为5%的乳酸链球菌素溶液0.5mL，相当于其使用量为0.5g/kg。

将山梨酸钾（0、0.04、0.05、0.06、0.07g/kg）、乳酸链球菌素（0、0.2、0.3、0.4、0.5g/kg）、脱氢乙酸钠(0、0.2、0.3、0.4、0.5g/kg)加入到生鲜调理青椒肉丝中混匀后，每50g放入塑料保鲜袋中，每个处理设置3个重复。定期取样，测定生鲜调理青椒肉丝的菌落总数、挥发性盐基氮、pH值、色差值和感官评定等，根据实验结果确定适宜的防腐保鲜剂种类和浓度。

3. 适宜气调包装参数的筛选

将按照步骤1制备的青椒肉丝，放入真空复合塑料包装袋，分别进行充气包装。气体成分配比分别是：①$40\%O_2+20\%CO_2+40\%N_2$；②$60\%O_2+20\%CO_2+20\%N_2$；③$80\%O_2+20\%CO_2$；④$30\%CO_2+70\%N_2$；⑤$50\%CO_2+50\%N_2$。每个处理设置3个重复，每个重复为1包。定期取样，测定生鲜调理青椒肉丝的菌落总数、挥发性盐基氮、pH值、色差值和感官评定等，根据实验结果确定适宜的包装方式。

4. 适宜贮藏温度的筛选

将装入塑料薄膜袋内的生鲜调理青椒肉丝分别放置于0、2、4、6℃的温度条件下进行贮藏，每个处理设置3个重复。定期取样，测定调理青椒肉丝的菌落总数、挥发性盐基氮、pH值、色差值和感官评定等，根据实验结果确定最适贮藏温度范围。

5. 生鲜调理青椒肉丝保鲜与包装工艺优化

根据2、3和4步骤中筛选的单因素最适范围，设计3因素3水平的正交实验，分成9组实验。按照实验设计，将生鲜调理青椒肉丝放入塑料薄膜包装袋中，置于特定的环境和温度下贮藏。定期取样，测定生鲜调理青椒肉丝的菌落总数、挥发性盐基氮、pH值、色差值和感官评定等。根据实验结果，获得生鲜调理青椒肉丝贮藏保鲜的最佳工艺参数。

六、实验总结

实验总结以科技论文的格式进行撰写，要求每位同学提交独立撰写的实验报告，实验报告字数不少于3 000字。

第五章　食品贮藏保鲜与包装生产实习

通过实习使学生进一步了解食品贮藏保鲜与包装行业中的一些实际生产过程，对现代化生产企业的生产和管理有一个较为全面的认识，并巩固和深化所学的专业知识。本实习环节可以通过参观企业、市场调查、邀请生产企业技术专家作报告、观看生产录像等多种方式开展。在实习过程中，要求学生把看得到的、听到的、问到的、想到的都记录下来，再结合专业知识与老师的讲授相结合，整理实习总结。本章列举了不同类型的企业参观实习和市场调查实习的实施方式。通过本章内容的学习，使学生能够了解食品贮藏方式和设备、食品基本贮藏方式的运行管理；了解食品在不同流通环节中的保鲜技术和包装技术；使学生能够运用所学知识，独立分析和解决食品贮藏保鲜与包装中的实际问题，达到理论联系实际，融会贯通的目的。

实习一　通风贮藏库的参观实习

一、实习目的

通风贮藏库是具有良好隔热性能的永久性建筑，设置有灵活的通风系统，是目前生产上较为常用的常温贮藏方式。通风贮藏库是以通风换气的方式，利用自然低温，排出库内热空气，进而保持库内比较稳定和适宜的贮藏温度，适用于果品、蔬菜、粮食等物品的短期贮藏。本实习旨在通过参观访问、观测或实际操作，使学生了解通风贮藏库贮藏食品的原理和贮藏要求；学习通风贮藏库的设计原则、基本构造及其建造要求；掌握通风贮藏库的温、湿度变化规律和日常运行管理应注意的问题。

二、实习前的准备

1. 查阅通风贮藏库的相关资料

了解通风贮藏库的概念、贮藏原理、结构特点、运行特点及其在我国食品贮藏保鲜中的应用。

2. 实习用具

笔、尺子、笔记本、计算器、温度计和湿度计等。

三、实习内容

（1）通过企业和带队教师的介绍，对通风贮藏库的建设及运营情况进行整体了解。

（2）参观调查通风贮藏库的选址依据。

（3）参观调查通风贮藏库的建筑结构和布局：贮藏库的排列与贮藏库间的距离，库房容积等。

（4）调查通风贮藏库所用的建筑材料的性质和厚度。

（5）调查和测量通风贮藏库的通风系统的设置原则、结构、排列和面积。

（6）参观调查通风贮藏库的日常运行管理；对食品原料的要求；通风贮藏库的库房清洁和消毒；食品原料的入贮与堆码管理；日常温、湿度管理。

（7）了解通风贮藏库贮藏食品原料的优缺点及在食品贮藏中的应用现状。

四、实习注意事项

（1）注意调查贮藏场所的结构布局。

（2）要有耐心，做到多看、多问和多思考。

五、实习作业

（1）适合通风贮藏库贮藏的果蔬种类。

（2）绘制通风贮藏库的平面图。

（3）简述通风贮藏库的日常管理应注意的问题。

实习二　机械冷藏库的参观实习

机械冷藏是我国目前食品低温贮藏的主要方式，是在具有良好隔热保温性能的库房中，通过人工机械制冷的方式，使库内温度、湿度控制在人工设定的范围内，以实现食品长期有效贮藏的贮藏方式。

一、实习目的

通过参观调查实习，深入冷藏库进行观察、访问和调查研究，使学生较为全面地了解机械冷藏库的基本布局和结构、主要运行设备及其日常运行管理，加深学生对机械冷藏库的冷藏原理、结构性能及管理技术等知识的理解；了解机械冷藏库的设计思路、特点、贮藏效果以及在食品贮藏保鲜中的应用，增加学生对机械冷藏库的感性认识，提高学生的实践操作技能，培养分析问题、解决问题的能力。

二、实习前的准备

1. 查阅机械冷藏库的相关资料

了解机械贮藏库的概念、制冷原理、基本构造和运行特点以及机械冷藏在食品贮藏保鲜中的应用。

2. 实习用具

笔、尺子、笔记本、计算器、温度计和湿度计等。

三、实习内容

1. 冷藏库总体情况的参观调查

机械冷藏库的数量、类型，贮藏能力和贮藏食品原料的种类及其效果、销售途径和经济效益等。

2. 机械冷藏库的结构与布局参观调查

冷藏库的主体建筑(冷藏间、预冷间、前处理和包装间等)和附属建筑(穿堂、装卸月台、休息室、品质检验室、制冷机房、变配电机房等)的平面组合和布局;预冷间和冷藏间的排列,冷藏间的容积等。

3. 机械冷藏库的围护结构、保温系统、防潮系统及通风系统的参观调查

冷藏库的围护结构包括地面、墙体和屋面,所使用的建筑材料特点、性能及厚度,保温系统(库顶,墙面和地面)的设置以及所使用的保温材料的性质和厚度;防潮隔气层的设置、处理以及所使用的防潮隔气材料的种类和性能;冷藏库的冷风机型号及性能,风道的设置等。

4. 机械冷藏库的操作规范和运行管理调查

冷藏库的操作流程和使用规范;冷藏库对食品原料的要求,主要包括种类、产品和产地;质量要求等。

冷藏库的管理规范主要包括:库房的清洁与消毒;食品原料入库前的处理;食品原料入库产品温度、入库量以及入库后的堆码方式;冷藏库的温度、湿度和通风管理;产品的出库时间和方法等。

5. 机械冷藏库的制冷设备及其他附属设备的参观调查

(1)制冷系统:制冷机械的型号、规格;所使用的制冷剂种类、制冷量和制冷方式;除霜方法和次数等。

(2)温、湿度控制系统:仪表的型号、性能及其自动化程度。

(3)其他附属设备:照明、加湿和防火设备等。

四、实习注意事项

(1)遵守参观单位的规章制度和参观要求。

(2)按照参观调查提纲尽量多地完成调查内容。

(3)注意观察,认真听讲,积极询问,认真思考和总结。

五、实习作业和总结

(1)画出本次参观的机械冷藏库的平面结构图。

(2)冷库制冷系统的设备组成及制冷原理。

(3)冷库对所贮藏食品原料的要求、其运行管理及贮藏效果。

(4)本次参观调查的收获和体会。

实习三　气调贮藏库的参观实习

气调贮藏即调节气体贮藏,是当前国际上果蔬保鲜广为应用的现代化贮藏技术和手段。它是将果蔬贮藏在不同于普通空气的混合气体中,通过改变新鲜果蔬贮藏环境中的气体成分(通常是增加 CO_2 浓度和降低 O_2 浓度)来抑制果蔬的呼吸代谢,降低蒸腾,推迟成熟衰老，抑制某些病害的发生，从而减少果蔬营养物质的消耗，保持新鲜品质，降低腐烂损失，有效地延长贮藏期和货架期，来贮藏果蔬的一种方法。气调贮藏是在冷藏的基础上发展起来的一种贮藏方法，具有冷藏和气调的双重作用。

一、实习目的

通过参观调查实习，使学生了解气调贮藏的原理、特点；气调贮藏库的类型、基本布局、结构及各结构的性能与设备组成；了解适宜于气调贮藏的果蔬种类和品种、贮藏条件、贮藏效果以及贮藏过程中可能出现的问题；重点掌握气调贮藏的管理技术要点和方法。

二、实习前的准备

1. 查阅气调贮藏的相关资料

了解气调贮藏的概念、类型、原理、特点，气调贮藏库的基本构造、设备组成和运行特点以及气调贮藏在果蔬贮藏保鲜中的应用。

2. 实习用具

笔、尺子、笔记本、计算器、温度计、湿度计、气体分析仪、液晶微压计等。

三、实习内容

1. 气调贮藏库的总体情况

气调贮藏库的类型（砌筑式、夹套式还是装配式）和建筑结构特点；气调库的数量、贮藏量、库容利用率；贮藏原料的种类、来源及其贮藏效果；贮藏原料的销售途径、销售量和经济效益等。

2. 气调贮藏库的结构与布局

气调库的布局情况（是否是非字形，单非字形还是双非字形，或是其他类型）。

气调贮藏库的气调贮藏间、预冷间、穿堂、技术走廊、商品化处理间等主体建筑情况。气调间、预冷间和商品化处理间的排列与布置、大小；穿堂和技术走廊的位置以及两者之间的关系等。

气调贮藏库的装卸月台、休息室、品质检验室、制冷机房、变配电机房等附属建筑情况。他们各自的位置、大小等。

3. 气调贮藏库的设施与设备

（1）气调贮藏库特有设施：气调库的特点在于气密性以及运行的安全性。其具有一些特有的设施，主要包括气密门、观察窗、安全阀和调压袋等。

主要参观调查气调库特有设施气密门的类型、材料和位置，泄压装置安全阀和调压袋的材料、位置以及与其连接管道的直径大小，观察窗的类型、位置和大小等。

（2）气调贮藏库的气密结构：气调库的气密材料的类型、性质和厚度，气密层与围护结构的关系以及气密层的整体性能，气密性的测定方法和补漏等。

（3）气调贮藏库的基本结构：气调库的地坪、墙体和屋面所使用的的建筑材料类型、材料性能及厚度等。

（4）气调系统设备：气调库的关键设施是气调设备，包括降氧、除二氧化碳、除乙烯、加湿设备等，这些设备及其与气调间相连的管道称为气调系统。

主要参观调查气调系统的布局位置，降氧的方式，降氧设备的类型、型号、构造与工作原理；脱除 CO_2 的方式，设备的类型、型号、构造与工作原理；除乙烯方式，设备的类型、型号、构造与工作原理；加湿方式，超声波加湿器的型号；管道的直径大小、材质、生产厂家等。

（5）自动监测系统设备：自动监测控制设备包括温度、湿度、氧气、二氧化碳、乙烯的传感器、控制器、计算机及取样管、阀等自动监测的内容；中央控制计算机如何获取各方面的信息并实施远距离的实时监测与调控。

（6）制冷系统、保温系统、防潮系统、通风系统以及其他系统设备：制冷机械的型号、规格；所使用的制冷剂种类、制冷量和制冷方式；除霜方法和次数等；保温系统的设置以及所使用的保温材料的性质和厚度；防潮隔气层的设置、处理方法、位置以及所用材料的种类和性能；冷风机型号及性能；风道的设置等。

4. 气调贮藏库的管理

气调库对原料的要求：种类、产品和产地；质量要求，原料入库前的预冷、分级、包装等。

气调库的管理：库房的检修、清洁与消毒；原料的入库方式、每次入库量与入库总量以及入库后的堆码方式；原料入库后的降氧和调气时间与方式，气调库的温度、湿度和通风管理以及氧气、二氧化碳和乙烯的实时监测和控制；产品质量监测和安全管理；产品的出库时间、出库方式等。

四、实习注意事项

（1）按照参观单位的规章制度和管理进行，注意人身安全，没有参观单位人员的指示，不能随便开启并进入气调贮藏库。

（2）注意从库体结构、设备与管理等方面调查观察与机械冷库的区别与联系。

（3）注意观察，认真听讲，积极询问，并及时进行分析、思考和总结。

五、实习作业和总结

（1）画出本次参观的气调贮藏库主体布局的平面结构图和剖面图。

（2）简述气调库气调系统的设备组成及采用该设备降氧、脱除二氧化碳、乙烯等的方法以及各方法的优缺点。

（3）简述气调贮藏的原理、特点、对贮藏原料的要求及贮藏效果。

（4）说明气调贮藏果蔬的优缺点，以及在设施设备和管理上与机械冷藏库的区别、联系。

（5）分析并说明气调贮藏中应注意的技术环节和要点。

（6）本次参观调查的收获和体会。

实习四　粮库参观实习

　　粮库是粮食仓库的简称，是指能够安全贮存粮食、油料并配置仓储设施、设备的建筑物、场所。粮库是中国粮食企业的一个重要组成部分，由粮食部门统一管理，担负着国家粮食储备、地方粮食储备、粮食流通的主渠道作用，其主要任务是完成粮食的接收、保管和调运输送等粮食流通各环节。

一、实习目的

　　通过参观调查实习，使学生认识到粮食仓储和粮食安全的重要性，让同学为更加直观了解粮食储备库的结构和布局，主要工作流程，日常管理和运行模式。

二、实习前的准备

1. 查阅粮库的相关资料

　　了解我国目前的贮粮现状和规模；我国目前仓库的主要分类、特点及主要作业方式；粮库的运行及主要日常管理等。

2. 实习用具

　　笔和笔记本等。

三、实习内容

1. 了解粮库的基本概况

　　粮库的地理位置、交通条件、总用地面积和建筑面积，发展历史及整体运行情况和效益。

2. 粮仓的结构

　　调查粮库中各粮仓的类型、粮仓的外形结构、容量。

3. 粮库的建筑布局和属性

　　粮库的总用地面积、总建筑面积、建筑组成及其布局；主体粮仓和辅助建筑的分区。

4. 调查粮仓的性能

　　防潮性、隔热性、通风性、气密性，防虫、防鼠雀及防火性，机械化作业程度，坚固抗震性能等。

5. 粮库的存贮和管理

　　参观和调查粮库主要的存贮业务，贮藏粮食的种类；所使用的主要贮粮技术；在运行管理中应注意的问题；粮食品质的检测指标和技术。

6. 粮仓工艺和设备

　　粮仓贮粮工作的工艺流程；常用的粮仓机械种类和用途，如输送机械、清理机械、称重机械等；熟悉各类机械的工作原理，操作规范等。

7. 害虫防治

　　粮仓在贮粮过程中常见害虫的种类，常用的防虫处理方法等。

四、实习注意事项

（1）企业人员或教师讲解时要认真听讲。

（2）提前做好资料查阅工作和调查提纲，在参观的过程中尽量做到有的放矢。

（3）参观调查的过程中遵守企业相关规章制度，勤学、善思、多问。

五、实习作业和总结

（1）总结粮库内常见粮食的日常管理。

（2）绘出粮库粮仓的整体布局图，并对其设计进行评价。

实习五　农产品批发市场的参观调查

农产品批发市场是以粮油、畜禽肉、蛋、水产、蔬菜、水果、茶叶、香辛料、花卉、棉花、天然橡胶等农产品及其加工品为交易对象，为买卖双方提供长期、固定、公开的批发交易设施设备，并具备商品集散、信息公示、结算、价格形成等服务功能的交易场所。农产品批发市场主要包括水果区、蔬菜区、粮油区、干货区等主要交易区域以及信息中心、物流场、配套酒店、管理办公区等辅助业态。物流场又称冷链仓储中心、综合冷库、冷链交易中心、分拣中心、仓储区、物流配送区、冷藏停车区等多功能为一体的综合功能区。农产品批发市场促进商品集散，形成农产品价格，把关农产品质量，保障城市农产品供应。

一、实习目的

通过参观、调查，使学生了解批发市场的整体概况、运营模式、主要结构、功能以及农产品从产地到销地整个流通环节的模式和保鲜技术。

二、实习前的准备

查阅相关农产品批发市场的相关资料；准备好笔和笔记本等。

三、实习内容

（1）批发市场总体情况介绍，主要包括农产品批发市场基本情况、市场建成时间、规模、面积、市场类型、人员配备、销售额、利润情况等。

（2）批发市场各功能分区。

（3）参观调查批发市场的日常运行管理。

（4）调查批发市场中农产品的种类和品种。

（5）销售模式，主要调查批发时间、批发对象、批发规模和价格、日批发量；零售方式，主要调查运营时间和价格、日零售额等。

（6）进货渠道，主要调查产地、运输方式及保鲜措施。

(7) 贮藏和保鲜技术，主要调查临时性贮藏方式和保鲜措施。

(8) 批发商的经营状况，主要调查与管理者的关系、摊位租赁情况、利润等。

四、实习注意事项

(1) 将全班同学分成 3~4 人一组。每组完成调查方案的设计，并与老师进行讨论，完善小组的调查方案。

(2) 选择离学校较近的农产品批发市场，统一乘车前往。

(3) 到达目的地后，按小组分散，根据本组的调查方案进行实地调查，获取数据和信息。

(4) 在完成调查后，在规定时间内集合，统一乘车返回学校。

(5) 写出调查报告。

五、实习作业

(1) 农产品批发市场的在食品流通中的作用。

(2) 撰写不少于 1 500 字的调查总结。

实习六　食品配送中心的参观实习

食品配送中心是接收处理末端用户的订货信息，对上游运来的多品种食品进行分拣，根据用户订货要求进行拣选、加工、组配等作业，并进行送货的设施和机构，主要行使信息交换和处理功能、存储保管功能、分拣配送功能、货物集散功能、配送加工功能。生鲜配送中心属于低温物流，服务半径相对小，少批量、多频次配送。

一、实习目的

通过参观、调查，了解生鲜食品物流中心的历史、发展及其重要作用；更加直观地了解食品物流配送中心的结构组成及日常运行管理情况。

二、实习前的准备

查阅食品物流配送中心的相关资料；准备好笔和笔记本。

三、实习内容

(1) 生鲜食品配送中心的基本情况：了解中心的建造历史和发展、所承担的作用、主要业务范围、生产经营情况等。

(2) 生鲜配送中心的建筑结构、布局和功能分区。

(3) 了解进货作业、搬运作业；贮存作业、订单处理作业；补货、出货作业和配送作业等操作单元的特点及其应注意的问题。

(4) 了解生鲜食品配送、贮藏过程中的环境条件控制、产品的质量检测与监控、生鲜食品配送前的包装工艺。

四、实习注意事项

(1)企业人员或教师讲解时要认真听讲。

(2)提前做好资料查阅工作和调查提纲，在参观的过程中尽量做到有的放矢。

(3)参观调查的过程中遵守企业相关规章制度，勤学、善思、多问。

五、实习作业

(1)食品配送中心在食品生产中的作用。

(2)食品配送中心的操作流程及注意事项。

实习七　食品包装机械相关企业的参观实习

一、实习目的

通过参观实习，使学生了解食品包装机械的发展概况，更加直观地理解食品包装机械的主要构造和工作原理，提高学生的实践能力。

二、实习前的准备

查阅热收缩包装机、真空充气包装机、袋装机和灌装机的相关资料；准备好笔、笔记本等参观调查所需用具。

三、实习内容

(1)食品包装机械发展的整体概况、类型、发展趋势和市场前景。

(2)调查和观察热收缩包装机的结构组成、工作原理、参数设置、对包装材料的要求以及故障的排除；深入体会热收缩包装机的操作流程。

(3)调查和观察真空充气包装机的结构组成、工作原理、包装工艺过程、参数设置、对包装材料的要求和常见故障的排除。

(4)调查和观察袋装机包装机的工作原理、定量方式、结构组成、包装工艺过程、参数设置、对包装材料的要求和常见故障的排除方法。

(5)观察灌装机的工作原理、定量方式、结构组成、包装工艺过程、参数设置、对包装材料的要求、所适用的食品种类和故障的排除方法。

四、实习注意事项

(1)每3~4人一组，认真完成调查和观察的内容，并进行分组讨论。

(2)要遵守工厂纪律，注意安全，在带队老师或企业人员的指导下对机械进行操作。

五、实习作业

(1)常见食品充填机械的类型和工作原理。

（2）常见食品真空、充气包装机械的工作原理和操作过程中应注意的问题。

实习八　食品包装的市场调查与设计

一、实习目的
通过实习，让学生熟悉包装设计的基本概念；掌握包装设计的基本方法与基本程序；理解食品包装设计的内在要求和外在要求；提高学生思考和分析问题的能力和实践动手能力。

二、实习前的准备
通过小组讨论，确定所进行包装设计的食品种类；通过市场调查和小组讨论，确定包装设计的实施方案。

三、实习内容
（1）选择一种食品，通过市场调研，完成一套系列化产品包装设计，要求单件不少于 3 件。
（2）食品外包装的结构设计：设计食品外包装的样式和尺寸，画出结构设计图。
（3）包装材料的选择。
（4）各外包装标志图案设计，画出外包装标志图案设计图。
（5）制作实物、折叠成型。

四、实习注意事项
（1）在包装设计前，调查了解消费者的需要和偏好，在包装设计方面，尽量结合消费者的生活需求，突出产品个性，使消费者产生共鸣，激发购买欲。
（2）包装设计要有鲜明的标签、图形元素要能引起消费者的联想，色彩上要能体现产品的特点。

五、实习作业
（1）提交效果图。
（2）提交设计说明书，字数为 1 500 字以上。

实习九　食品常用包装材料和技术的市场调查

一、实习目的
通过实习，让学生了解常见食品所使用的包装材料和包装技术；通过分析包装材料和包装技术对销售过程中食品品质和价格的影响；提高学生分析问题的能力。

二、实习前的准备

查阅资料，了解所调查食品的特性及其常用的包装材料和包装技术；通过小组讨论确定所调查食品的种类和调查方案。

三、实习内容

1. 生鲜果蔬在销售过程中常用的包装材料和包装技术

选择一种常见的生鲜果蔬，前往不同类型的食品销售场所(如农贸市场、大型超市和食品批发市场)，调查该果蔬的销售过程中所使用的包装材料和包装技术，并调查所使用的包装材料和包装技术对食品的品质和价格的影响。

2. 生鲜肉类常用的包装材料和包装技术

选择一种常见的生鲜肉类，前往不同类型的生鲜市场或超市，调查该类型肉类所采用的包装材料的种类，所使用的主要包装技术以及相应食品的品质和价格。

3. 茶叶常用的包装材料和技术及其对茶叶价格的影响

前往不同类型的茶叶销售场所(如茶叶专卖店、大型超市和茶叶批发市场)，调查茶叶的种类和分级，所使用的包装材料以及包装技术，相应茶叶的价格，并分析影响茶叶价格的主要因素。

4. 酒类常用的包装材料和包装技术及其对价格的影响

选择一种常见的葡萄酒或白酒，前往不同类型酒类的销售场所(大型超市、专卖店等)，调查酒的等级、所采用的包装材料和包装技术(包括内包装和外包装)以及相应酒类的价格，并分析包装材料、包装技术与酒类价格之间的相关性等。

5. 乳制品常用的包装材料和包装技术

在不同类型的乳制品销售场所(便利店、超市等)，调查常见乳制品的种类，所采用的包装材料和包装技术，影响销售过程中品质保持和价格的因素等。

四、实习注意事项

(1)选择调查地点时，要考虑调查地点的代表性，尽量选择不同层次的食品销售场所。

(2)调查前做好准备工作，调查时做好与销售人员的沟通和交流。

五、实习作业

提交调查图片和调查报告，调查报告不少于 1 500 字。

参考文献

曹建康，姜微波，赵玉梅，2007. 果蔬采后生理生化实验指导[M]. 北京：中国轻工业出版社.

陈刚，李胜，2016. 植物生理学实验[M]. 北京：高等教育出版社.

陈美珍，2016. 食品用软包装塑料材料水蒸气透过性检测技术的研究分析[J]. 中国包装，224(04)：72-74.

程运江，2011. 园艺产品贮藏运销学[M]. 北京：中国农业出版社.

丁武，2012. 食品工艺学综合实验[M]. 北京：中国林业出版社.

高俊凤，2006. 植物生理学实验指导[M]. 北京：高等教育出版社.

郭霞，迟海，刘伟丽，等，2016. 食品包装塑料薄膜的机械性能及检测方法研究[J]. 食品安全质量检测学报(11)：4382-4386.

侯明生，蔡丽，2014. 农业植物病理学实验实习指导[M]. 北京：科学出版社.

刘静波，2010. 食品科学与工程专业实验指导[M]. 北京：化学工业出版社.

王贵学，2013. 生物工程综合大实验[M]. 北京：科学出版社.

王莉，2012. 生鲜果蔬采后商品化处理技术与装备[M]. 北京：中国农业出版社.

谢明勇，胡晓波，2016. 食品化学实验与习题[M]. 北京：化学工业出版社.

赵晨霞，王辉，2018. 果蔬贮藏加工实验实训教程[M]. 2版. 北京：科学出版社.

郑永华，2012. 食品贮藏保鲜[M]. 北京：中国计量出版社.

郑永华，寇丽萍，2013. 食品贮运学实验[M]. 北京：中国农业出版社.

周会玲，2017. 园艺产品采后处理实验实习指导[M]. 杨凌：西北农林科技大学出版社.

WANG F, ZHANG XP, YANG QZ, et al, 2019. Exogenous melatonin delays postharvest fruit senescence and maintains the quality of sweet cherries[J]. Food chemistry, 301：125311.

YANG Q Z, ZHANG X P, WANG F, et al, 2019. Effect of pressurized argon combined with controlled atmosphere on the postharvest quality and browning of sweet cherries[J]. Postharvest Biology and Technology, 147：59-67.